设计必修课
室内设计与人体工程学

理想·宅 编

SHINEI
SHEJI
YU
RENTI
GONGCHENGXUE

化学工业出版社
·北京·

本书主要讲解人体工程学在室内设计中如何应用，分为从"人"的角度认识室内设计、居住活动与住宅空间设计、办公空间设计、商业购物空间设计、休闲娱乐空间设计、酒店空间设计、餐饮空间设计七个章节，涵盖了大部分室内设计所需要考虑的家具及人体尺寸关系，帮助读者了解人体工程学对于室内设计的必要性和实用性。

图书在版编目（CIP）数据

设计必修课.室内设计与人体工程学／理想·宅编.—北京：化学工业出版社，2019.3

ISBN 978-7-122-33763-4

Ⅰ.①设… Ⅱ.①理… Ⅲ.①室内装饰设计 Ⅳ.①TU238.2

中国版本图书馆CIP数据核字（2019）第011949号

责任编辑：王　斌　孙晓梅　　　　　　　　　　　　装帧设计：尹琳琳
责任校对：王素芹

出版发行：化学工业出版社（北京市东城区青年湖南街13号　邮政编码100011）
印　　装：北京东方宝隆印刷有限公司
710mm×1000mm　1/16　印张 13　字数 260千字　2019年5月北京第1版第1次印刷

购书咨询：010-64518888　　　　售后服务：010-64518899
网　　址：http://www.cip.com.cn
凡购买本书，如有缺损质量问题，本社销售中心负责调换。

定　　价：68.00元　　　　　　　　　　　　　　　　　　版权所有　违者必究

前言
PREFACE

人体工程学作为设计基础,是建筑、室内设计专业的必修课程。其内容主要包括人体工程学基本理论、人体工程学应用等方面,通过了解人的生理、心理特征,进行更好的、更人性化的设计。

人体工程学的内容对于设计人员来说是一项基本功,在实践过程中对于处理基本的设计基础问题大有裨益,是提高空间想象力、把握比例尺寸的必备法宝。

本书包含从"人"的角度认识室内设计、居住活动与住宅空间设计、办公空间设计、商业购物空间设计、休闲娱乐空间设计、酒店空间设计、餐饮空间设计七个章节,通过先理论后应用的方式循序渐进地讲解了人体工程学在室内设计方面的应用,并配有人体尺寸手绘图、重点内容的概括、相关名词的辨析,以便读者能更轻松地掌握相关知识点,章节最后的思考与巩固板块,也有助于读者加深对重点知识的记忆。

由于现代社会发展迅速,人体活动的方方面面大幅度拓展,因而与室内设计相关的人体工程学知识不断深化,加之时间紧张,书中难免有不足之处,望广大读者批评指正。

001　第一章　从"人"的角度认识室内设计

一、认识人体工程学 / 002

　　1. 人体工程学的起源和发展 / 002　2. 人体工程学的研究内容 / 003　3. 人体工程学对室内设计的影响 / 003

二、人体工程学的应用 / 004

　　1. 确定室内环境适应人体的最佳参数的依据 / 004　2. 确定室内用具形态尺度的主要依据 / 009　3. 提供室内环境设计的科学参数和依据 / 009

三、常用人体尺寸对应表 / 022

029　第二章　居住活动与住宅空间设计

一、住宅空间的功能及布局 / 030

　　1. 住宅空间的功能 / 030　2. 住宅空间的常见户型 / 035　3. 住宅户型的布置方式 / 036

二、客厅空间设计 / 042

　　1. 客厅的功能分区与沙发布置形式 / 042　2. 客厅的家具尺寸 / 046　3. 客厅的人体尺寸关系 / 050　4. 客厅环境设计与人的关系 / 056

三、餐厅空间设计 / 058

　　1. 餐厅的功能分区与布置形式 / 058　2. 餐厅的家具尺寸 / 062　3. 餐厅的人体尺寸关系 / 063　4. 餐厅环境设计与人的关系 / 067

四、卧室空间设计 / 068

　　1. 卧室的功能分区与布置形式 / 068　2. 卧室的家具尺寸 / 072　3. 卧室的人体尺寸关系 / 074　4. 卧室环境设计与人的关系 / 086

五、厨房空间设计 / 088

　　1. 厨房的规划原则与布置形式 / 088　2. 厨房的家具尺寸 / 094　3. 厨房的设备及餐具 / 096　4. 厨房的人体尺寸关系 / 098　5. 厨房环境设计与人的关系 / 102

六、卫浴空间设计 / 104

　　1. 卫浴间的功能分区与分类 / 104　2. 卫浴间的布置形式 / 106　3. 洁具的尺寸 / 108　4. 卫浴空间的人体尺寸关系 / 110　5. 卫浴空间环境设计与人的关系 / 117

119　第三章　办公空间设计

一、办公空间的类型和功能分区 / 120

　　1. 办公建筑的类型 / 120　2. 办公空间的功能分区 / 121

二、办公区设计 / 122

　　1. 办公区的组合方式 / 122　2. 办公区的空间类型 / 124　3. 办公区的家具布置 / 126

三、会议区设计 / 134

　　1. 家具的布置方式 / 134　2. 会议区家具与人的尺寸关系 / 136

四、办公空间的环境设计与人的关系 / 138

　　1. 办公空间光环境 / 138　2. 办公空间色彩 / 139　3. 办公空间声环境 / 140　4. 办公空间热环境 / 140

141　第四章　商业购物空间设计

一、商业购物空间的分类和功能 / 142

　　1. 商业购物空间的分类 / 142　2. 商业购物空间的功能 / 143

二、商业购物空间的组合形式与流线设计 / 144

　　1. 各项功能的平面组合形式 / 144　2. 营业空间的流线 / 146

三、商业购物空间的家具与人的尺寸关系 / 148

1. 家具尺寸 / 148　2. 柜台、货架的常见布置方式 / 150　3. 购物空间家具与人的关系 / 153

四、商业购物空间环境设计与人的关系 / 156

1. 商业购物空间光环境 / 156　2. 商业购物空间色彩 / 156　3. 商业购物空间声环境 / 156

157　第五章　休闲娱乐空间设计

一、文艺娱乐空间设计 / 158

1. KTV/158　2. 歌舞厅 / 164

二、生活休闲空间设计 / 166

1. 洗浴中心 / 166　2. 美容美发场所 / 172

三、体育健身空间设计 / 176

1. 体育健身空间常见人体尺度 / 176　2. 体育健身空间其他区域设计 / 177　3. 体育健身空间环境设计与人的关系 / 178

179　第六章　酒店空间设计

一、酒店的功能空间 / 180

1. 酒店的功能分区 / 180　2. 酒店各功能分区布置 / 181

二、酒店空间环境设计与人的关系 / 186

1. 酒店空间光环境的设计原则 / 186　2. 酒店空间色彩的设计原则 / 186　3. 酒店声环境 / 186　4. 酒店热环境 / 186

187　第七章　餐饮空间设计

一、餐饮空间的功能构成和类型 / 188

1. 餐饮空间光环境的设计原则 / 188　2. 餐饮空间的类型 / 188

二、餐饮空间的家具布置与人的关系 / 192

1. 餐厅家具尺寸 / 192　2. 家具的布置形式 / 194　3. 家具与人的关系 / 197

三、餐饮空间环境设计与人的关系 / 202

1. 餐饮空间光环境 / 202　2. 餐饮空间色彩 / 202　3. 餐饮空间声环境 / 202　4. 餐饮空间热环境 / 202

第一章

从"人"的角度认识室内设计

室内设计秉承以人为中心、为人而设计的原则。因此，人体工程学是室内设计中必不可少的一门知识，了解人体工程学可以使装修设计尺寸更符合人们的日常行为和需要。

扫码下载本章课件

一、认识人体工程学

学习目标	本小节重点讲解人体工程学的一些基本概念,初步了解人体工程学。
学习重点	掌握室内人体工程学的含义,了解人体工程学的研究内容。

1. 人体工程学的起源和发展

在我国,人体工程学(Ergonomics)又称为人机工程学、人类工效学,国际工效协会的会章把它定义为:一门研究人在工作环境中的解剖学、生理学、心理学等诸方面因素,研究人–机器–环境系统中相互作用着的各组成部分(效率、健康、安全、舒适等)如何达到最优化的学科。

室内设计的人体工程学是以人为主体,通过研究人体生理、心理特征,研究人与室内环境之间的协调关系,以适应人的身心活动需求,取得最佳的使用效能,其目标是安全、健康、高效能和舒适。

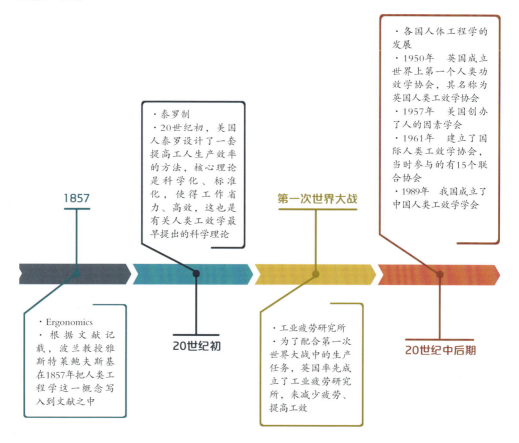

2. 人体工程学的研究内容

在早期，人体工程学主要研究的是人机关系，之后，人体工程学的深度和广度得到扩展，其研究的内容发展为人与环境之间的相互作用。如今，人体工程学还在发展，涵盖的领域也越发广泛，但主要的研究内容为生理学、心理学、环境心理学、人体测量学。

3. 人体工程学对室内设计的影响

① **人体工程学对室内设计质量的促进**

人体工程学为室内设计提供了大量科学的、量化的设计依据。可以说，目前室内设计所参考的资料、执行的标准，大都来源于人体工程学的研究，它对室内设计的影响广泛而深远。

② **人体工程学对室内设计观念的革新**

人体工程学将科学的观念、整体的概念以及最前沿的思想融入室内设计理念中，提升了室内设计的要求，促进了室内设计的发展。

思考与巩固

1. 人体工程学的含义是什么？它是如何发展的？
2. 人体工程学主要研究了什么？

二、人体工程学的应用

学习目标	本小节重点讲解人体工程学为室内设计提供的科学、量化的设计依据。
学习重点	掌握室内人体工程学的指导范畴，了解人体工程学在室内设计中的重要性。

1. 确定室内环境适应人体的最佳参数的依据

人体工程学将研究对象概括为各种人－机－环境系统，从整体出发研究系统内各要素间的交互作用，人是其中的关键因素。人体基础数据主要有下列三个方面，即人体构造、人体尺度以及人体的动作域等的相关数据。

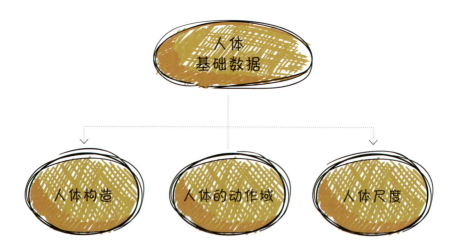

（1）人体构造

与人体工程学关系最紧密的是运动系统中的骨骼、关节和肌肉，这三部分在神经系统的支配下，使人体各部分完成一系列的运动。骨骼由颅骨、躯干骨、四肢骨三部分组成，脊柱可完成多种运动，是人体的支柱，关节起骨间连接且能活动的作用，肌肉中的骨骼肌受神经系统指挥收缩或舒张，使人体各部分协调动作。

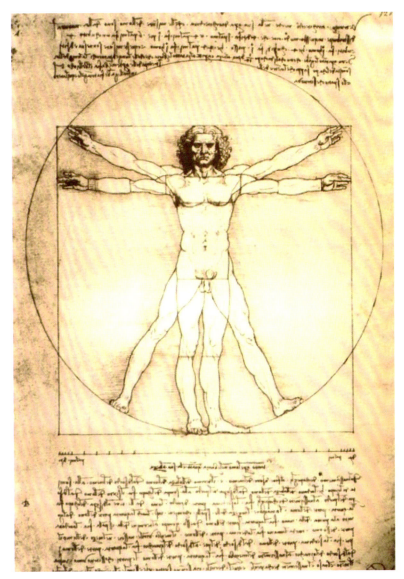

↑达·芬奇根据维特鲁威在《建筑十书》中的描述画出了《维特鲁威人》，展示了完美人体的肌肉构造和比例：一个站立的男人，双手侧向平伸的长度恰好是其高度，双足和双手的尖端恰好在以肚脐为中心的圆周上

（2）人体尺度

人体尺度是人体工程学研究的最基本的数据之一。它主要以人体构造的基本尺寸（又称为人体结构尺寸，主要是指人体的静态尺寸，如：身高、坐高、肩宽、臀宽、手臂长度等）为依据，通过研究人体对环境中各种物理、化学因素的反应和适应力，分析环境因素对人的生理、心理以及工作效率的影响程序，确定人在生活、生产和活动中所处的各种环境的舒适范围和安全限度，所进行的系统数据比较与分析结果的反映。人体尺度因国家、地域、民族、生活习惯等的不同而存在较大的差异。

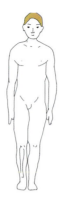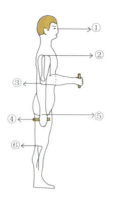

立姿人体尺寸：
① 眼高
② 肩高
③ 肘高
④ 手功能高
垂直手握距离
侧向手握距离
⑤ 会阴高
⑥ 胫骨点高

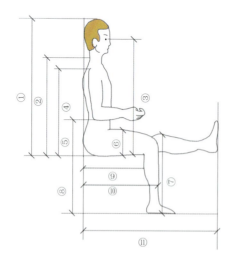

坐姿人体尺度：
① 坐高
② 坐姿颈椎点高
③ 坐姿眼高
④ 坐姿肩高
⑤ 坐姿肘高
⑥ 坐姿大腿厚
⑦ 坐姿膝高
⑧ 小腿加足高
⑨ 坐深
⑩ 臀膝距
⑪ 坐姿下肢长

（3）人体动作域

人在室内各种工作和生活中活动范围的大小，即动作域，它是确定室内空间尺度的重要依据之一。以各种测量方法测定的人体动作域，也是人体工程学研究的基础数据。人体尺度是静态的、相对固定的数据，人体动作域的尺度则为动态的，其动态尺度与活动情景状态有关。

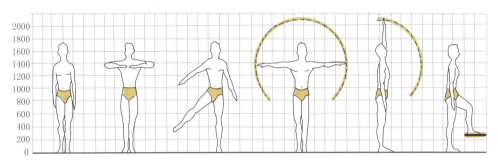

人体基本动作尺度1——立姿、上楼动作尺度及活动空间（单位：mm）

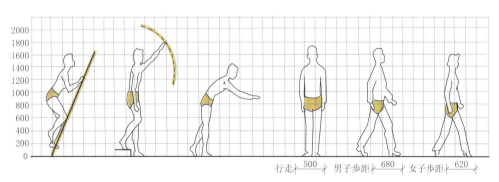

人体基本动作尺度2——爬梯、下楼、行走动作尺度及活动空间（单位：mm）

↑上方两个图中人体活动所占的空间尺度是以实测的平均数为准，特殊情况可按实际需要适当增减

链接

　　人体基本动作的尺度，是人体处于运动时的动态尺寸，因其是处于动态中的测量，所以尺度和活动情境有关，室内空间的组织安排都需要对人的基本动作进行尺度、范围、趋势的分析。

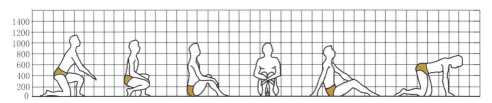

人体基本动作尺度3——蹲姿、跪坐姿动作尺度及活动空间（单位：mm）

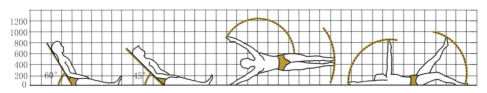

人体基本动作尺度4——躺姿、睡姿动作尺度及活动空间（单位：mm）

↑上方两个图中人体活动所占的空间尺度是以实测的平均数为准，特殊情况可按实际需要适当增减

2. 确定室内用具形态尺度的主要依据

人类活动主要分为动态和静态两种，确定室内用具的尺寸适合人使用的依据就是人体的尺度，只有满足使用者的生活行为、心理需要，才能设计出适合人使用的用具，从而提供舒适的环境，提高工作效率。

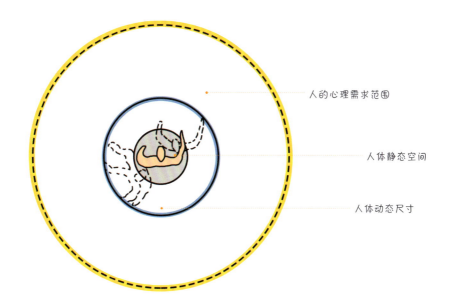

3. 提供室内环境设计的科学参数和依据

现代室内设计涉及的设计内容有很高的技术含量，与人体工程学等关系极为密切。人体工程学在室内环境设计中受到重视，使得人与物和环境间的设计方法更具有科学依据。

（1）室内光环境设计

光是人们认识世界的一种媒介，是视觉感知的基础，有了光线才有了人类世界。就室内设计来说，光的作用也是不可小觑的，因而在设计之初就应该充分考虑到采光照明的方案，创造安全、实用、经济、美观的光环境。

光是能量的一种形式，是具有波状运动的电磁辐射的巨大连续统一体中的很狭小的一部分。根据波长可以将电磁波分为宇宙射线、X射线、紫外线、可见光等。

一般的室内光环境设计中采用两种方式：自然光和人工照明。

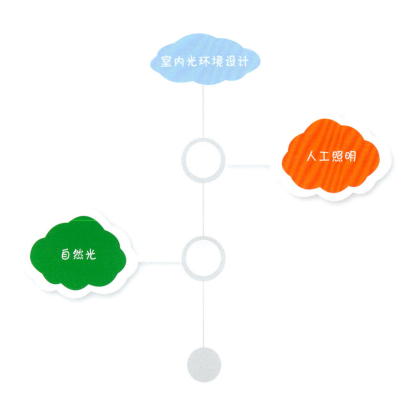

① 自然光

• 自然光源类型

我们在白天的时候才能感受到自然光，即昼光，昼光由直射地面的阳光（或称日光）和天空光（或称天光）组成。

• 自然光源采光部位

自然光源柔和，节省能源。通常采用窗户来接收光源，有天窗、侧窗，可根据不同的需求进行改变。不同的开窗方式会产生不同的室内效果，从而改变人对环境的感受。

开启**侧窗**，使得屋子开敞明亮，让人感觉舒爽。不同的窗型给人的体验也会有所差别，如横向窗给人开阔、舒展的感觉，竖向的条窗则有条幅式挂轴之感。

→ *800mm ≤ 窗台高 ≤ 1000mm，通常选择 900mm，根据规范，住宅窗台高度小于 900mm，需要加栏杆*

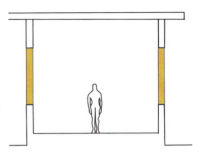

落地窗窗台低矮，在视觉上没有遮挡，使室内和室外紧密融合。人们可以更全面地看到室外的景色，视野开阔，极具震撼力。

→ *200mm ≤ 窗台高 ≤ 450mm，为了安全通常加栏杆*

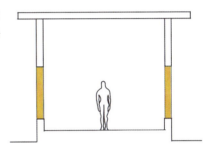

开设**高侧窗**有利有弊：一方面它减少了眩光，取得了良好的私密性，给人安定感；另一方面进光量有限，一定程度上隔绝了外界信息，也会带给人闭塞的感觉。

→ *窗台高 ≥ 1200mm，一般在卫生间或者楼梯间使用，有的展览建筑也会采用*

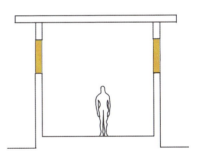

天窗接受的日照时长较长，进光量均匀，让人有新颖之感。透过天窗可以看到蓝天白云，给人身处自然的天然感。

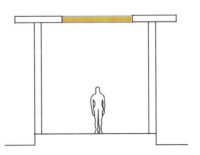

● 自然光采光质量的决定因素

光线充足： 室内光线是否充足表现为室内照度的强弱，这取决于天空亮度的大小。不同的地区总照度和散射照度也不同，在设计时需要根据地域来确定室内照度标准。

光线均匀： 室内采光的质量应考虑光线是否均匀、稳定，是否会产生暗影和眩光等现象。

采光口形态： 采光的质量主要取决于采光口的大小、形状、离地高度以及采光口的分布和间距。对有特殊要求的室内环境，如多媒体室，为了防止眩光，通常采用提高背景的相对亮度或者提高窗口高度的方法。窗墙的高度增高后，会对眼睛产生一个保护角。

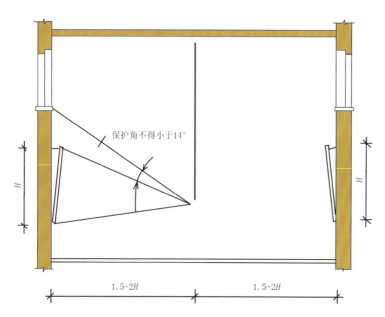

↑ 竖向保护角

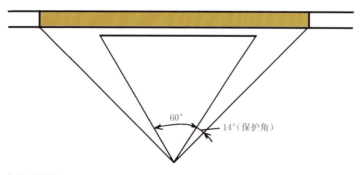

↑ 水平保护角

② **人工照明**

人工照明是采用各种发光设备来为房间提供光源的一种照明方式，不同灯具的组合方式也会带来不同的光环境效果，能耗和自然采光比相对较大。

常用人工照明方式

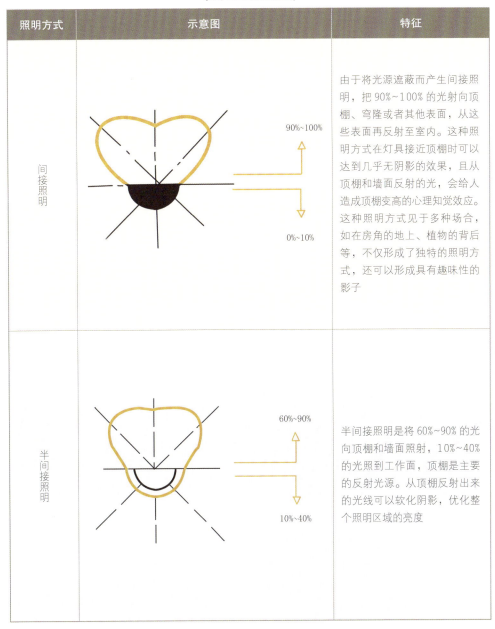

照明方式	示意图	特征
间接照明	90%~100% / 0%~10%	由于将光源遮蔽而产生间接照明，把90%~100%的光射向顶棚、穹隆或者其他表面，从这些表面再反射至室内。这种照明方式在灯具接近顶棚时可以达到几乎无阴影的效果，且从顶棚和墙面反射的光，会给人造成顶棚变高的心理知觉效应。这种照明方式见于多种场合，如在房角的地上、植物的背后等，不仅形成了独特的照明方式，还可以形成具有趣味性的影子
半间接照明	60%~90% / 10%~40%	半间接照明是将60%~90%的光向顶棚和墙面照射，10%~40%的光照到工作面，顶棚是主要的反射光源。从顶棚反射出来的光线可以软化阴影，优化整个照明区域的亮度

照明方式	示意图	特征
直接间接照明		直接间接照明装置,对地面和顶棚提供基本相同的照度,均为40%~60%,周围散射的光线较少,某些台灯或者落地灯能够达到这样的效果
漫射照明		这种照明方式对所有方向的照明几乎一样,采用这种方式时,为了避免眩光,灯的瓦数要低一点,漫射装置圈要大一点
半直接照明		在这种照明灯具装置中,有60%~90%的光向下直射到工作面上,其余10%~40%的光向上照射,因而从上方下射的照明能软化阴影的百分比就很少
宽光束的直接照明		具有强烈的明暗对比,形成了阴影。使用这种照明方式时,尽量用反射灯泡,否则会有较强的眩光,鹅颈灯和导轨式照明就属于这一种

续表

照明方式	示意图	特征
高集光束的下射直接照明	0%~10%　　90%~100%	高度集中的光束形成光焦点，可用于突出光效果和强调重点，可为墙上或其他垂直面上提供充足照度

- 防止眩光

在设置照明系统时，要尽量避免眩目和眩光的情况出现，眩光取决于光源在视线方向的亮度，其炫目程度是由背景的亮度决定的。眩光的种类有三种。

直接眩光：眼睛直视光源（灯具）所产生，会有刺眼不舒服的情况。

反射眩光：反射眩光就是我们通常认为的反光，使得物体的呈现不清晰，会发生眼睛疲劳、阅读吃力的情况。

背景眩光：一般是背景环境的光线进入眼部过多，影响到正常识别物体的能力。

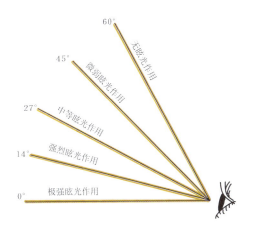

↑ 发光体角度与眩光的关系

链接

眩光：视野中发光表面亮度很大时，会降低视度的现象，是发光表面的特性。
眩目：使眼睛不舒服，从而降低视度，就是眩目，是眼睛的生理反应。

（2）室内色彩设计

色彩具有三种属性，色相、明度、饱和度。人们在辨别色彩时，其颜色都是有由这三个属性叠加而成的。

室内环境带给人的影响很大程度上来源于整体呈现出的色彩，色彩对人引起的视觉效果在物理性质方面的反映有冷暖、远近、大小、轻重等，其带来的这些物理效应是设计师需要着重考虑的因素之一，因而在设计时，要结合人体工程学合理利用色彩。

① 温度感

不同的色彩会产生不同的温度感，可以粗略归类为暖色、冷色、中性色。像红色、黄色为暖色（1：pR~8：Y）；蓝色、青色为冷色（13：bG~19：pB）；紫色、绿色这种无明显冷暖感觉的为中性色，中性色的冷暖感需要依靠对比来呈现。

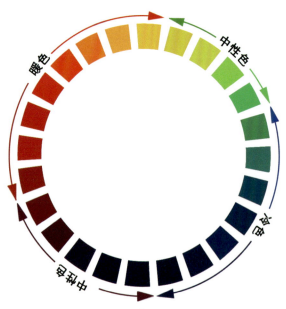

pccs色环

② 距离感

色彩可以让人感觉进退、凹凸、远近的不同，以色相和明度影响最大。一般情况下，高明度暖色系色彩具有凸出、接近的效果，而低明度冷色系色彩则会带来凹陷、远离之感。在室内设计中，如起居室，采用白色的背景、鲜亮的摆件，就会有接近的效果。

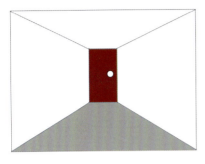
↑ 色彩的前进感。在走廊的深处使用暖色，可以获得长走廊距离缩短之感

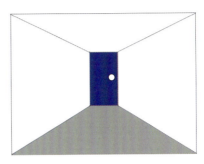
↑ 色彩的后退感。通过在走廊的深处采用冷色调，能让走廊变得更宽或者更有纵深感

③ 尺度感

尺度感是指受到色彩各项特性的制约，从而给人带来的物体膨胀或者收缩的效应。通常来说明度高、饱和度高的色彩容易产生色觉膨胀感。而为了达到色彩的平衡，通常的方式是改变色彩宽度。

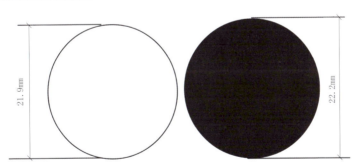
↑ 围棋的棋子是明度差最大的颜色：白色和黑色。由于白色的膨胀感，白色棋子的尺寸会小于黑色棋子的尺寸，从而达到看起来一样大的视觉效果

④ 重量感

色彩的重量感主要受到明度的影响，一般是暗色感觉重，亮色感觉轻。在室内设计中，一般在底部、基座使用暗色，如踢脚线，获得安定稳重之感。而在顶棚的部位则选用较浅的颜色，如吊灯、风扇灯，可以达到轻盈、灵活的效果。

（3）声环境设计

声音是人感知世界的一种方式，也是室内设计的要素之一。为营造舒适宜人的环境，需要对声环境进行设计，这其中的重点就是防噪声。

① 声音的传播方式

声音以波的形式在介质中传播。在室内设计领域，介质主要是指空气和固体。

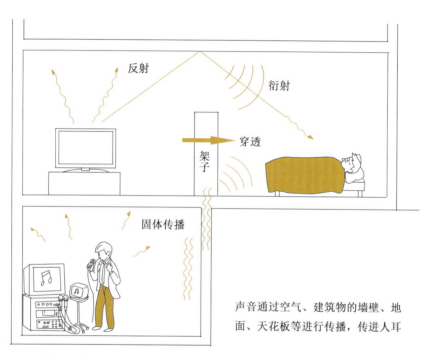

声音通过空气、建筑物的墙壁、地面、天花板等进行传播，传进人耳

↑ 声音的传导方式

② 噪声

噪声从广义上来说是指除了能传播信息或者有价值的声音外的一切声音。不同响度的声音，会在不同程度上刺激人耳，从而使人产生不同的心理效应。

噪声级的大小与主观感受

噪声级 /dB	主观感受	实际情况
0（A）	听不见	正常的听阈
10	勉强听得见	手表的嘀嗒声、平稳的呼吸声
20	极其寂静	录音棚与播音室
25	寂静	音乐厅、夜间的病房
30	非常安静	夜间病房的实际噪声
35	非常安静	住宅区夜间的最大允许噪声级
40	安静	白天开窗的学校的教室、安静区及其他特殊区域的起居室
45	比较安静，轻度干扰	白天开窗的纯粹住宅区中的起居室，为精力集中的临界范围
55	较大干扰	水龙头的漏水声
60（B）	干扰	中等大小的谈话声，摩托车驶过的声音
70	较响	会堂中的演讲声
80	响	洗澡时冲水的声音，在中等房间音量开大放音乐
90	很响	厂房噪声
100	很响	气压钻机
110	难以忍受的噪声	木材加工机械
120（C）	难以忍受的噪声	飞机起飞
140	有不能恢复的神经损伤危险	小型喷气式发动机试运转的实验室里

注：dB，只是理论上的值，在现实中，必须要通过一定的设施进行测量才能知道结果。从而设计了三种计量方式，A 计权声级是模拟人耳对 55dB 以下低强度噪声的频率特性，B 计权声级是模拟 55dB 到 85dB 的中等强度噪声的频率特性，C 计权声级是模拟高强度噪声的频率特性，单位记作 dB(A)、dB(B)、dB(C)。

（4）热环境设计

我们把影响人体冷热感觉的各种因素所构成的环境称为热环境，在室内设计中研究热环境的目的在于为人类的生活、工作、学习提供最佳的室内热舒适条件。

室内热环境由室内空气温度、空气湿度、气流速度和平均辐射温度四要素综合形成，以人的热舒适程度作为评价标准。室内热环境质量的高低对人们的身体健康、生活水平、工作学习效率将产生重大影响。

链接

人体热舒适：所谓人体热舒适，指人体对热环境感到满意的主客观评价。

① **室内空气温度**

室内气温是表征室内热环境的主要指标，它是影响人体热舒适的主要因素。空气温度在25℃左右时，脑力劳动的工作效率最高，人感觉较为舒适。

② **室内空气湿度**

空气湿度直接或间接影响人体的热舒适，它在人体能量平衡、热感觉、皮肤潮湿度、人体健康以及室内空气品质的可接受度方面是一项重要的影响因素。同时室内环境相对湿度较大会造成建筑潮湿，有时甚至会出现结露现象。

 链接

结露：结露是指空气中的水汽在达到饱和状态时，若环境温度继续下降，则开始出现空气中过饱和的水汽凝结，有水析出的现象。

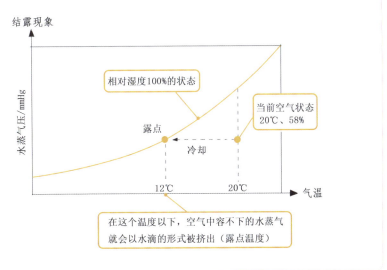

③ **室内气流流速**

当室内空气流动性较低时，室内环境中的空气得不到有效的通风换气。风速大有利于人体散热、散湿，提高热舒适度，但风速过大，会有吹风感冒的危险。

④ **室内平均辐射温度**

平均辐射温度是室内热辐射指标，它取决于空间周围表面温度。经过研究表明，为保持工作者的热舒适状态，空气温度与周围墙体温度的差值不得超过7℃。

思考与巩固

1. 光环境的设计类型有哪些？在设计室内光环境时要注意哪些问题？
2. 不同的色彩给人的刺激程度是不一样的，请列举几种色彩带给人的不同的心理感受。
3. 在室内设计时，噪声应该怎么控制，通过什么手段可以营造良好的声环境？

三、常用人体尺寸对应表

学习目标	本小节重点列举了人体的基本尺寸。
学习重点	掌握人体的基本尺寸，并且与室内设计有机结合。

我国成年人人体相关尺寸对应表

单位：mm

项目	5百分位	50百分位	95百分位
身高	1583	1678	1775 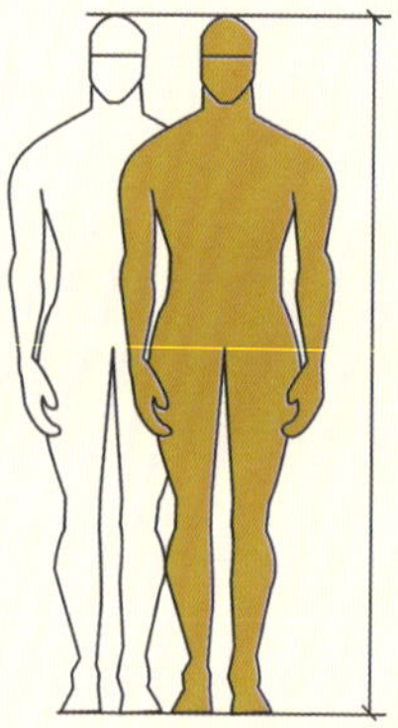
	1483	1570	1659
眼高	1464	1564	1667 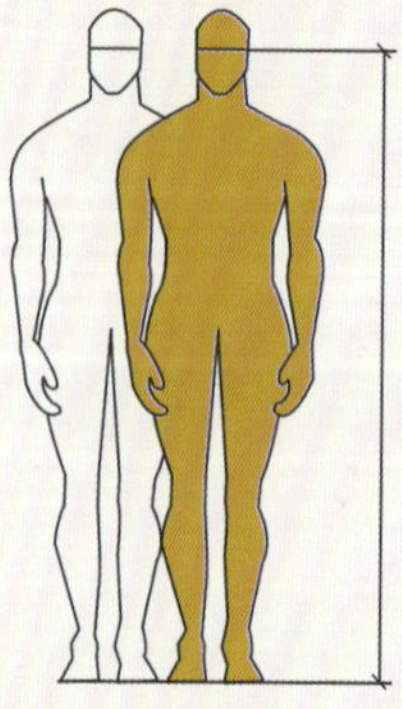
	1356	1450	1548

续表

项目	5百分位	50百分位	95百分位
肩高	1330	1406	1483
	1213	1302	1383
肘高	973	1043	1115
	908	967	1026
胫骨点高	392	435	479
	357	398	439

续表

项目	5百分位	50百分位	95百分位	
肩宽	385	409	500	
	342	351	388	
立姿臀宽	313	340	372	
	314	343	380	
立姿胸厚	199	230	265	
	183	213	251	

续表

项目	5百分位	50百分位	95百分位	
立姿腹厚	175	224	290	
	165	217	285	
立姿中指指尖上举高	1970	2120	2270	
	1840	1970	2100	
坐高	858	908	958	
	809	855	901	

续表

项目	5百分位	50百分位	95百分位	
坐姿眼高	737	793	846	
	686	740	791	
坐姿肘高	228	263	298	
	215	251	284	
坐姿膝高	467	508	549	
	456	485	514	

续表

项目	5百分位	50百分位	95百分位	
坐姿大腿厚	112	130	151	
	113	130	151	
小腿加足高	383	413	448	
	342	382	423	
坐深	421	457	494	
	401	433	469	

续表

项目	5 百分位	50 百分位	95 百分位	
坐姿两肘间宽	371	422	498	
	348	404	478	
坐姿臀宽	295	321	355	
	310	344	382	

注：1. 表格中上行为男性尺寸，下行为女性尺寸。

2. 第 5 百分位指 5% 的人的适用尺寸，第 50 百分位指 50% 的人的适用尺寸，第 95 百分位是指 95% 的人的适用尺寸，可以简单对应成小个子身材，中等个子身材，大个子身材。

在测量和设计时，对于数据的应用需要注意以下几点：

够得着的距离：一般采用 5 百分位的尺寸，如设计站着或者坐着的高度时；
常用的高度：一般采用 50 百分位尺寸，如门铃、把手；
容得下的距离：一般采用 95 百分位尺寸，如设计通行间距；
可调节尺寸：可能时增加一个可调节型的尺寸，如可调节的椅子、可调节的搁板等。

思考与巩固

1. 如何理解人体尺寸对家具及室内住宅空间设计的作用？
2. 在利用人体数据进行设计时，需要注意什么？

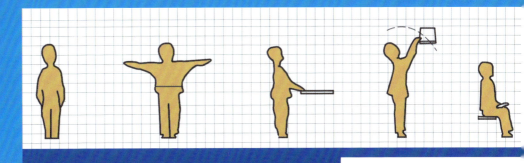

第二章

居住活动与住宅空间设计

住宅是供家庭日常居住使用的建筑物，是人们为满足家庭生活需要，利用自己掌握的物质技术手段创造的人造环境。因而，设计人员在设计时除了要考虑空间的平面布局和人的行动路线，还要考虑不同空间的家具和设施的形体、尺度及其周围留有活动和使用的最小余地，从而最大限度地满足人的需要。

扫码下载本章课件

一、住宅空间的功能及布局

学习目标	本小节重点讲解住宅的空间功能和布局，懂得根据使用者的需求对空间做出整体的布局和划分。
学习重点	掌握住宅空间的基本功能和布局的方法，对各种户型有自己初步的认识。

1. 住宅空间的功能

（1）住宅的基本功能

一套住宅需要提供不同的功能空间，应包括：睡眠、起居、进餐、炊事、便溺、洗浴、工作学习、储藏以及户外活动空间，可以概括为居住、厨卫、交通及其他四个部分。不同的功能空间有其相应的尺寸和位置，但又必须有机地结合在一起，共同发挥作用。

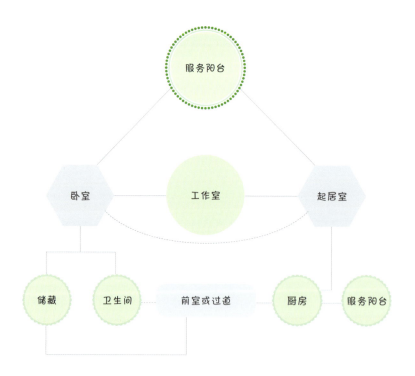

（2）住宅的功能分区

住宅的户内功能是居住者生活需求的基本反映，分区要根据其生活习惯进行合理的组织，把性质和使用要求一致的功能空间组合在一起，避免与其他性质的功能空间相互干扰。但由于住宅平面受到原有户型的影响，功能分区只是相对的，会有重叠的情况，如烹饪和就餐、起居和就餐，设计时可以灵活处理。

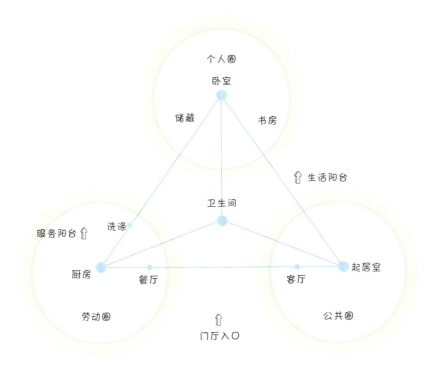

公共活动空间：家庭活动包括聚餐、接待、会客、游戏、视听等内容，这些活动空间总称为公共空间，一般包括玄关、客厅、餐厅。

私密性空间：私密性空间是家庭成员进行私密行为的功能空间，其作用是保持亲近的同时又保证了单独的自主空间，从而减小了居住者的心理压力。主要包括卧室、书房、卫浴等。

家务活动辅助空间：家务活动包括清洗、烹调、养殖等，人们会在这个功能空间内进行大量的劳动，因而在设计时应该把每一个活动区域都布置在一个合理的位置，使得动线合理。主要包括厨房、卫生间等。

（3）住宅的功能分区要点

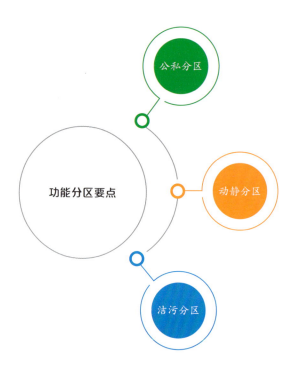

① 公私分区

公私分区是按照空间使用功能的私密程度的层次来划分的，也可以称为内外分区。一般来说，住宅内部的私密程度随着人口数和活动范围的增加而减弱，公共程度随之增加。住宅的私密性要求在视线、声音、光线等方面有所分隔，并且符合使用者的心理需求。

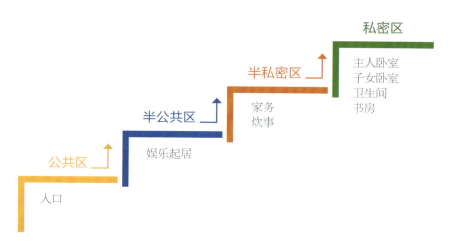

② 动静分区

户型的动静分区指的是客厅、餐厅、厨房等主要供人活动的场所,与卧室、书房等供人休息的场所分开,互不干扰。动静分区细分有昼夜分区、内外分区、父母子女分区。

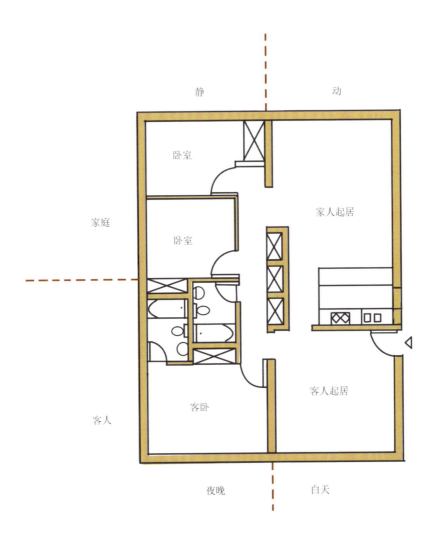

◆ 昼夜分区和内外分区

昼夜分区:动静分区从时间上来划分,就成为昼夜分区。白天时的起居、娱乐、餐饮活动集中在一侧,为动区。另一侧为休息区域,为静区,使用时间主要为晚上。

内外分区:动静分区从人员上划分可分为内外分区。客人区域是动区,相对来说属于外部空间。主人区域是静区,相对来说属于内部空间。

◆ 父母子女分区

父母子女分区：父母和孩子的分区从某种意义上来讲也可以算作动静分区，子女为静，父母为动，彼此留有空间，减少相互干扰。

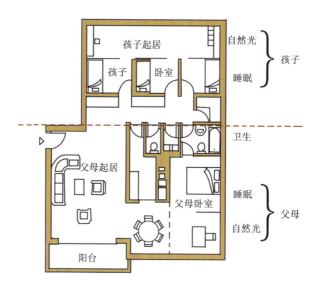

③ 洁污分区

洁污分区主要体现为烟气、污水、垃圾以及清洁卫生区域的分区，也可以概括为干湿分区，即用水与非用水空间的分区。卫生间和厨房都要用水，都会产生废弃物、垃圾，且相对来说垃圾比较多，因而可以置于同一侧。但由于两个空间的功能分区不一致，因此集中布置时要做洁污分区处理。

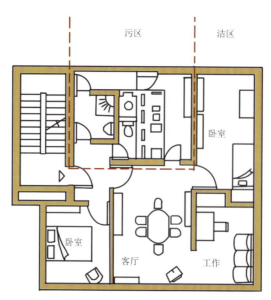

2. 住宅空间的常见户型

户型是根据家庭人口构成（如人口规模、户代际数和家庭结构）的不同而划分的住户类型，是为满足不同住户的生活居住需要而设计的不同类型的成套的居住空间。

> 户代际数：指住户家庭常住人口的辈分代际数。如1代户、2代户等。住户家庭中的代际数将会影响其对套内功能的需求。

（1）一居户型

一居室在房型上属于典型的小户型，通常是指有一个卧室、一个客厅、一个卫生间和一个厨房的户型。通常在小空间里组织功能和交通流线，常见于单身公寓。

（2）两居户型

两居室也是常见的一种小户型结构，两室一厅或者两室两厅是比较常见的户型，其特点是户型适中、方便实用，消费人群一般为新组家庭。两个居室可以是卧室或者书房，餐厅和客厅可以合设，可以用帘子、隔断等来进行功能分区。

（3）三居户型

三居室可以归为一种较大户型，基本上为三室两厅，是指有三个居室、一个厅或两个厅、一个或两个卫生间和一个厨房的户型。特点是面积相对宽敞，是常见的大众户型。

（4）四居户型

四居室是一种较大户型，可以满足多代人使用，特点是房间多，四居可以为卧室、书房、娱乐室等，一般面积较大。

（5）五居及别墅户型

五居室一般是指有五间居室，常见于大平层户型和别墅中，适合经济条件好的家庭购买，整体尺度较大，较为宽松。

别墅原是住宅以外的，供游玩休养的园林式住房。当下，别墅已经演化为既能休养也能常年居住的生活用房。别墅与自然比较亲近，有院子或者露台，户内空间面积大，尺度十分舒适。

3. 住宅户型的布置方式

住宅空间最低限度面积

项目	最低限度面积 /m²
起居室	16.20（3.6m×4.5m）
餐厅	7.20（3.0m×2.4m）
主卧室	13.86（3.3m×4.2m）
次卧室（双人）	11.70（3.0m×3.9m）
厨房（单排型）	5.55（1.5m×3.7m）
卫生间	4.50（1.8m×2.5m）

住宅空间布置方式

（1）餐食厨房型（DK 型）

① DK 型

DK 型是厨房和餐厅合用，适用于面积小、人口少的住宅。DK 型的平面布置方式要注意厨房油烟的问题和采光问题。

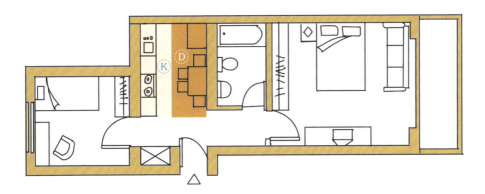

② D·K 型

D·K 型是指厨房和餐厅适当分离设置，但依然相邻，从而使得动线方便，燃火点和就餐空间相互分离又隔离了油烟。

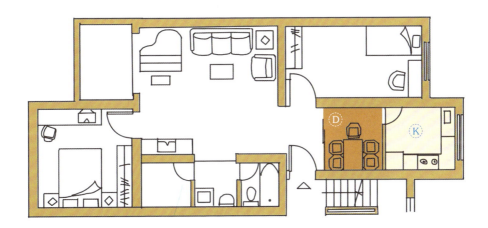

（2）小方厅型（B·D型）

小方厅型是把用餐空间和休息空间隔离，其兼具就餐和部分起居、活动功能，起到联系作用，克服了部分功能空间的相互干扰。但由于这种组织方式有间接遮挡光照、缺少良好视野、门洞在方厅集中的缺点，所以经常在人口多、面积小、标准低的情况下使用。

（3）起居型（LBD型）

这种布置方式是以起居室（客厅）为中心，作为团聚、娱乐、交往等活动的地点，相对来说户型面积较大，协调了各个功能空间的关系，使得家庭成员和睦相处。起居室布置方式有三种方式。

① L·BD型

这种布置方式是将起居和睡眠分离。

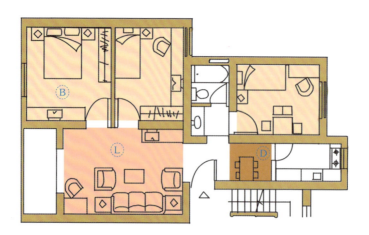

② L·B·D 型

这种平面布置方式将起居、睡眠、用餐分离开，各个功能空间干扰较小。

③ B·LD 型

这种布置方式将睡眠独立，用餐和起居放置在一起，动静分区明确，是目前比较常用的一种布置方式。

（4）起居餐厨合一型（LDK型）

这种平面布置方式是将起居、餐厅、炊事活动设定在同一空间内，再以此为中心布置其他功能。这种布置方式由于油烟的污染，常见于国外住宅。不过随着油烟电器的进步和经济水平的发展，国内的使用频率也大幅度增加。

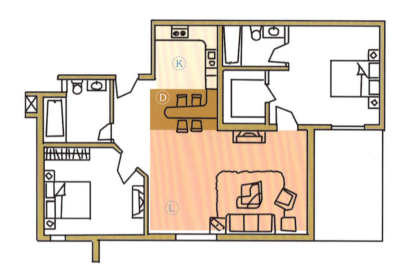

（5）三维空间组合型

这种住宅的布置方式是各个功能的分区有可能不在一个平面上，需要进行立体型改造，通过楼梯来相互联系。

① 变层高的布置方式

住宅在进行套内的分区后，将人员多的功能布置在层高较高的空间内，如会客。将次要的空间布置在较低的层高空间内，如卧室。

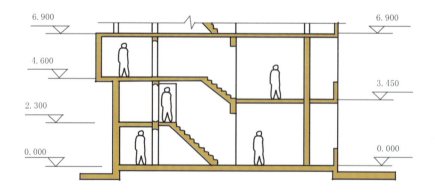

② 复式住宅的布置方式

这种住宅是将部分功能在垂直方向上重叠在一起,充分利用了空间。但需要较高的层高才能实现。

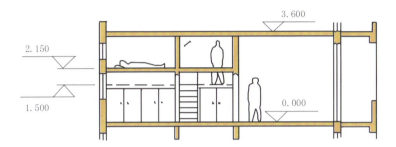

③ 跃层住宅

跃层是指住宅占用两层的空间,通过公共楼梯来联系各个功能空间。而在一些顶层住宅中,也可以将坡屋顶处理为跃层,充分利用空间。

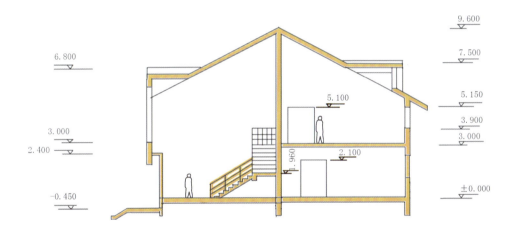

> **思考与巩固**
>
> 1. 住宅的内部功能都有哪些？在进行功能部署时要注意哪些问题？
> 2. 住宅空间都有哪些常见户型,总结一下他们各自的特点。
> 3. 户型的不同空间布置方式各自具有哪些特点？对在住宅中生活的人有什么影响？
> 4. 跃层和复式的区别是什么？它们各自有什么特点？

二、客厅空间设计

学习目标	本小节重点讲解客厅的尺度，从而能根据客厅的形态和人的尺寸、动作域做出合理的功能设计。
学习重点	掌握人体的基本尺度和心理状态，从而优化和完善客厅的基本功能和布局的方法。

1. 客厅的功能分区与沙发布置形式

客厅的主要功能是满足家庭公共活动的需要，其设计的要点是以宽敞为原则，注意家具尺度，通过人体动作域确定家具的位置，体现舒畅之感。

（1）客厅的功能分区

客厅或者起居室是家庭的核心地带，其主要功能是团聚、会客、娱乐休闲。也可以兼具用餐、睡眠、学习功能，但要有一定的区分。

客厅笼统地来讲是起居室的一部分，绝大多数情况下，这两个功能合设。

 小贴士

客厅：客厅强调的是家庭和外部的社交关系。
起居室：起居室强调的是家庭内部的交往活动。

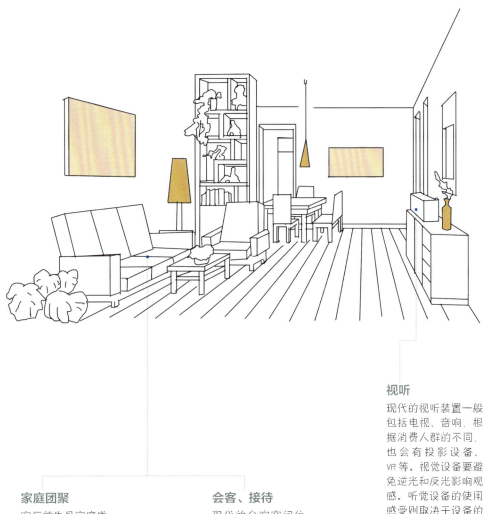

家庭团聚

客厅首先是家庭成员团聚交流的场所，这是客厅的主要功能，往往通过家具来构成一个区域，一般处于中心区域

会客、接待

现代的会客空间位置比较随意，往往和家庭聚谈空间合并设置，有时也会开辟一片小空间单独设置

视听

现代的视听装置一般包括电视、音响，根据消费人群的不同，也会有投影设备、VR等。视觉设备要避免逆光和反光影响观感。听觉设备的使用感受则取决于设备的质量、位置以及人的听觉系统

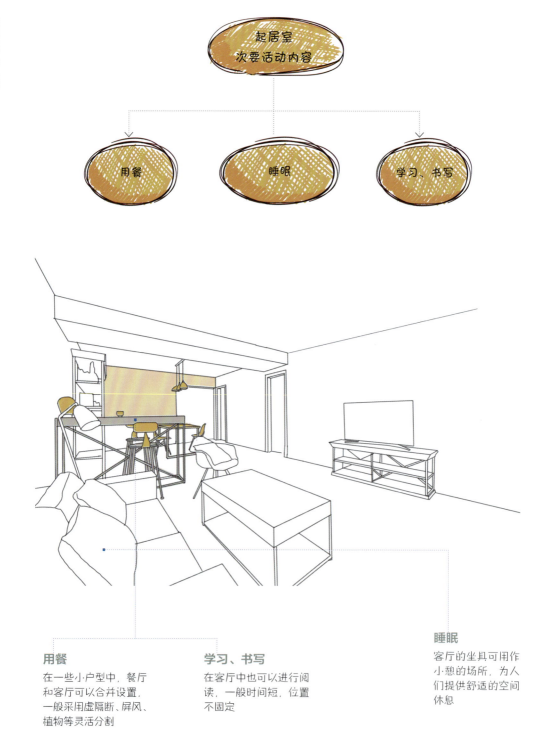

用餐
在一些小户型中，餐厅和客厅可以合并设置，一般采用虚隔断、屏风、植物等灵活分割

学习、书写
在客厅中也可以进行阅读，一般时间短，位置不固定

睡眠
客厅的坐具可用作小憩的场所，为人们提供舒适的空间休息

（2）沙发的布置方式

客厅中流线最复杂的地方就是沙发和茶几组成的环形区域，这是客厅的核心。根据沙发和茶几的位置的不同又分为以下几种布置形式。

▶ 面对面式

适用于各种面积的客厅，可随着客厅大小变换沙发及茶几的尺寸，灵活性较大，更适合会客时使用。但面对面的布置形式在视听方面较为不便，需要人扭动头部来观看，影响观感。

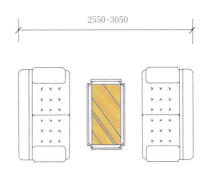

◀ U 型

U 型的布置方式适用于大面积的客厅，面对面的沙发可根据实际情况改变成这种团坐的布置方式，使得家庭气氛更亲近。

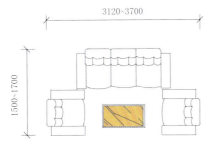

▼ 一字型

一字型沙发的布置方式适合小户型的客厅使用，小巧舒适，整体元素较为简单。

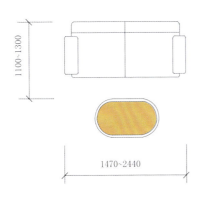

▼ L 型

L 型的布置方式是客厅最常见的布置方式，可以采用 L 形的沙发组，也可以用 3+2 或者 3+1 的沙发组合。

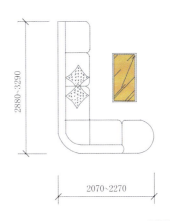

2. 客厅的家具尺寸

客厅的家具以沙发和柜子为主，室内设计的风格不同，则在家具的风格和样式的选取上也会有多种方式。了解了常见家具的尺寸，在设计时才能根据使用要求、空间大小来选取家具。

（1）常见家具示例

客厅常见家具尺寸表

单位：mm

家具		尺寸项	数值
扶手椅		宽	400~440
		座深	大于460
		座高	400~440
靠背椅		座前宽	大于380
		座深	320~420
		座高	400~440
装饰柜		宽	800~1500
		深	350~420
		高	1500~1800

续表

家具		尺寸	
电视柜		宽	800~2000
		深	500~650
		高	400~550
三人沙发		宽	2130~2440
		深	600~700
		高	800~890
沙发茶几		长	600~1200
		宽	380~520
		高	520
单人沙发		宽	860~1010
		深	600~700
		高	800~900
双人沙发		宽	1500~1800
		深	600~700
		高	800~890

（2）沙发及长椅尺寸

　　沙发是客厅中的核心家具，它的尺寸决定着整个客厅的空间效果，过大或者过小都容易让人产生不适之感，通常沙发的长度占墙面的 1/2~2/3，沙发的面积占客厅面积的 1/4 为佳。

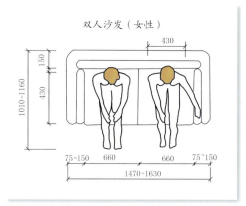

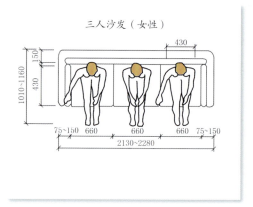

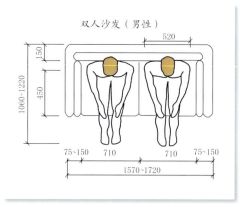

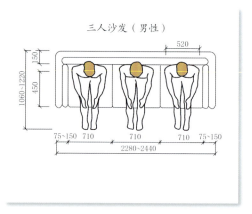

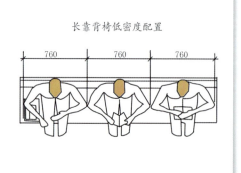

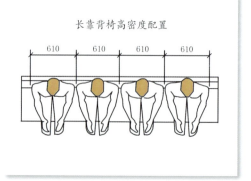

（3）椅子尺寸

通常来说椅子的座面的长度尽量不超过400mm，超过时会导致人的身体向前而脱离靠背，导致不良坐姿。座面深小于330mm时，大腿会无法承担身体重量，给人不舒服的感觉。

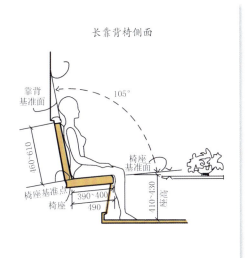

长靠背椅侧面

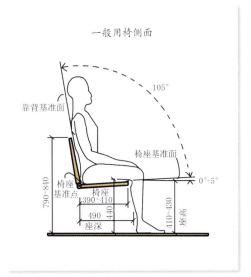

一般用椅侧面

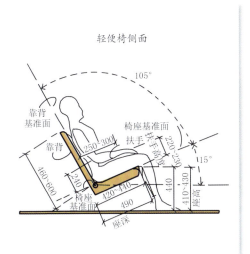

轻便椅侧面

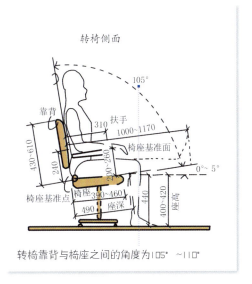

转椅侧面

转椅靠背与椅座之间的角度为105°~110°

3. 客厅的人体尺寸关系

客厅的人体尺寸关系主要取决于家具以及摆件摆设的相对位置，可以根据场景细化为通行、拿取、陈列、视听。

（1）通行距离尺寸关系

客厅中只有摆了家具才算有灵魂，家具的位置只有让人有充足的活动空间才算合理，才能给人更好的居住体验。

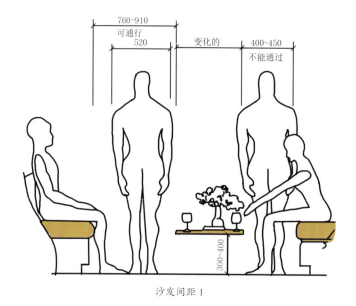

沙发间距 1

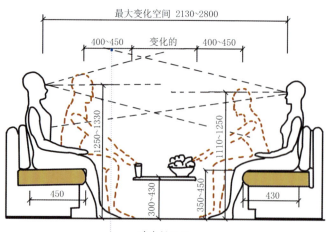

沙发间距 2

当正坐时，沙发与茶几之间的间距可以取 300mm，但通常以 400~450mm 为最佳标准

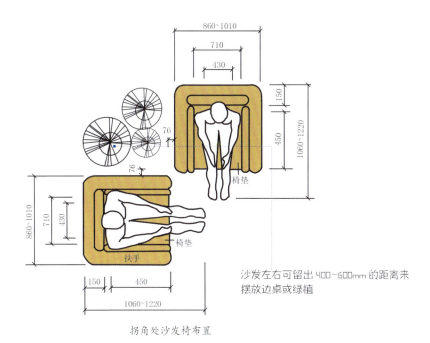

拐角处沙发椅布置

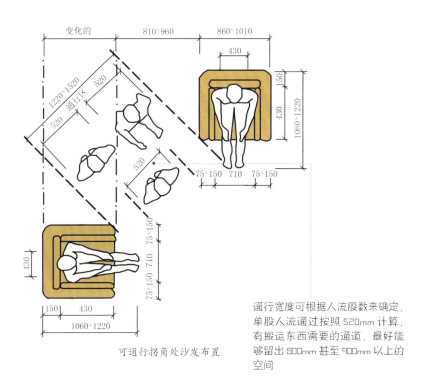

可通行拐角处沙发布置

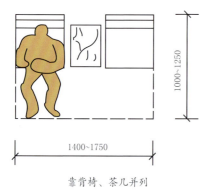

靠背椅、茶几并列

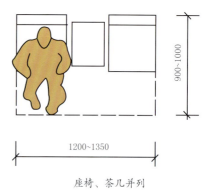

座椅、茶几并列

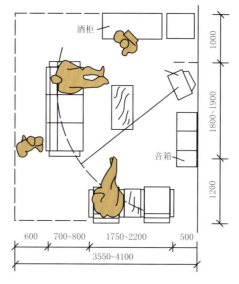

三人、单人沙发与电视机布置

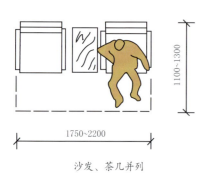

沙发、茶几并列

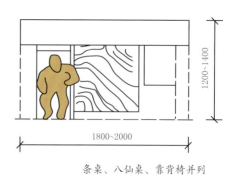

条桌、八仙桌、靠背椅并列

（2）拿取距离尺寸关系

客厅的组合柜主要用于日常用品的展示和储藏，在选择或者定制时，其尺寸可根据主要使用者的性别来确定。

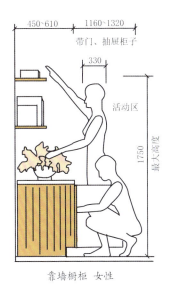

靠墙橱柜 女性

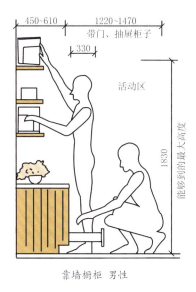

靠墙橱柜 男性

↑由于拿取东西时需要弯腰或者蹲下，因而需要在柜子前方预留一定的空间

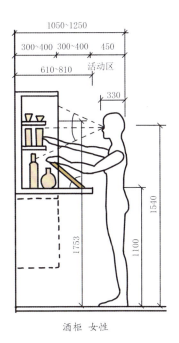

酒柜 女性

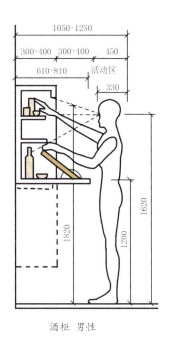

酒柜 男性

（3）陈列距离尺寸关系

陈列高度指在墙上或者展台中陈列产品的高度，这个高度要符合人体的视觉角度。一般男性视高 1650mm，女性视高 1520mm，参观者的视域一般在地面以上 900~2500mm 区域内，最佳的陈列高度大致在 1200~1800mm 区域内，在这个高度区间陈列重点展品可以获得良好的效果。距离地面 0~800mm 区域内，可作为大型艺术品陈列区域。

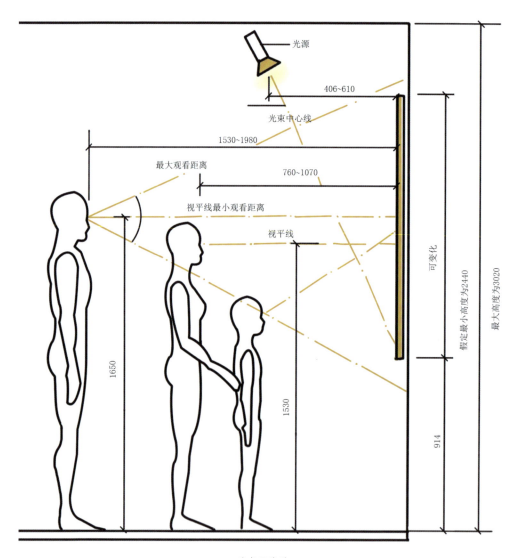

艺术品陈列

（4）视听距离尺寸关系

看电视时，离得太近或太远都容易造成视觉疲劳。为保证良好的视听效果，沙发与电视的间距应根据电视的种类和屏幕尺寸来确定。

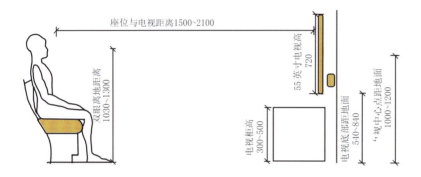

 小贴士

当使用主体为老人时，电视和座位之间的间距要稍微小一些，以保证老人能看清。

通常来说，在确定电视尺寸时，可以根据客厅的大小，按照视听距离通过公式来确定：

最大电视高度＝观看距离÷3

最小电视高度＝观看距离÷6

但是现在科技快速发展，电视的显示技术日新月异，因而这个公式显然不太准确，720P以内的电视已经被淘汰，现在进入到1080P、2K、4K的高清时代，因而在选择时也要与时俱进，可依靠新的公式计算：

最大电视高度＝观看距离÷1.5

最小电视高度＝观看距离÷3

4. 客厅环境设计与人的关系

（1）客厅光环境

客厅的光环境涉及室内设计的部分主要是灯光这一环，优秀的光环境设计可以使得客厅更为包容、明朗，给人积极的心理反应。

舒适合理的照度： 客厅的平均照度不宜太高，室内的主要区域的平均照度在 75~100lx。在进行视听活动时，则需要较低的照度水平，因而客厅需要调光装置来满足人在客厅中对灯光照度的需求。

考虑人的感受： 主体照明应该以稳重大气、温暖热烈的灯光效果为主旨，这样可以使人感到亲切。次要照明灯具的选择上，可以选择明度一般的暖色光或者冷色光灯具辅助，增强空间感和立体感。

壁灯
墙面安置的壁灯，照亮了墙和天花，并使之成为一个反射体，由此反射出的间接光具有一种沉静的效果，能很好地表现环境材料的质感

射灯
画框上面的射灯作为重点照明，突出了主体，使得客厅的灯光环境更具有层次感

台灯
旁边的台灯作为辅助式照明，可以弥补壁灯和射灯照明的不足，也可当阅读灯使用，满足人对空间功能的各种需求

（2）客厅色彩

客厅是家人及来访者聚会的场所，人进入某个空间最初几秒内得到的印象是对色彩的感觉，其在客厅中实际起着改变或者创造某种格调的作用，会给人带来某种视觉上的差异和艺术上的享受。

根据朝向选取色调：西向的客厅由于下午阳光强烈，尤其是夏季，光线刺眼，所以适合选用绿色进行调和；东向的客厅适合以黄色调作为主色调；北向的客厅一般光照不足，用饱和度不高的红色或者橘色等暖色调，可以增添温暖的感觉；南向的客厅光照时间长，不宜用纯度较高的暖色调来布置，采用米白、纯白这样的颜色为主色调，可以减少火气，让人产生清爽之感。

色彩运用需和谐：在进行色彩设计时，一定要分清色彩之间的主次关系。通常客厅中颜色不要超出三种，否则会给人杂乱无章的感觉。

（3）客厅声环境

客厅作为住宅中人类活动较多的场所，是否具有良好的声环境会很大程度上影响人们休闲娱乐时的心情，因而可根据标准进行相应的隔声降噪处理，获得舒适的声环境。

客厅内的噪声标准

单位：dB（A）

	昼间	≤ 45
客厅	夜间	≤ 35

（4）客厅热环境

在冬季时，由于空气干燥，为使屋内适宜活动需要供暖，从而导致空气变得更干燥，很容易让流感病毒肆虐，因而在供暖时，可以采用加湿器保证一定的湿度。

> **思考与巩固**
>
> 1. 客厅的内部功能都有哪些？在进行功能部署时要注意哪些问题？
> 2. 客厅中的沙发和茶几摆设的主要方式有哪些，各自适合哪些户型？
> 3. 客厅沙发和各种家具在摆放时尺寸关系是怎样的，人在其间通行的距离有什么要求？
> 4. 客厅灯光的合理照度是多少？在设计时要遵循什么原则才能营造良好的灯光环境？
> 5. 客厅在配色时，会受到朝向的影响，具体在设计过程中是如何体现的？

三、餐厅空间设计

学习目标	本小节重点讲解餐厅的功能分区和家具尺寸,并初步了解餐厅的照明和配色。
学习重点	学习重点:掌握餐厅家具的基本尺度和人的动作域。

1. 餐厅的功能分区与布置形式

(1)餐厅的功能分区

餐厅的功能分区相对来说很简单,核心功能是就餐,次要功能是家庭成员之间的交谈空间及厨具或者食品的储藏空间。

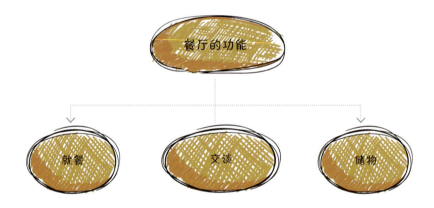

就餐:餐厅最主要的作用是供家庭成员用餐,餐桌和餐椅是构筑餐厅的重要组成部分,是餐厅布置的关键。

交谈:餐厅还有供家人聚会交谈的功能,成员之间可以边吃边聊,有助于家庭关系和谐发展。

储物:餐厅的储物功能也是重要的一点。在餐厅中,餐桌无疑是最方便的储物类型,但在应用时要注意防止过于杂乱导致就餐环境不舒适。如果空间够大,还可以采用餐边柜,达到整齐的收纳效果。

（2）餐厅的布置方式

住宅的餐厅的布置方式需要根据人数和面积来确定，一般可以分成三种：一是单独布置；二是和客厅一起，放在客厅的一隅；三是和厨房一起布置。其布置形式必须满足人在室内活动的需要。

① 独立式餐厅

独立式餐厅是指餐厅在空间上单独存在，不与其他功能空间发生直接联系，但是尽量保持与厨房的紧密联系，以免动线过长，从而影响上菜的效率。

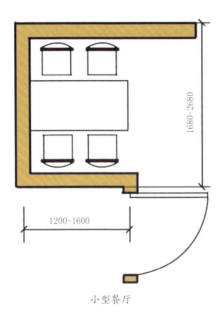

小型餐厅

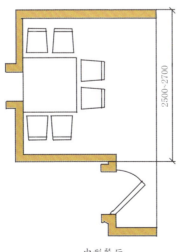

中型餐厅

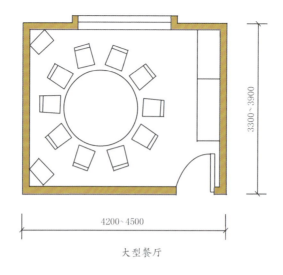

大型餐厅

② 和客厅合并布置

　　这种布置形式相对来说比较常见，常见于小户型中。用餐和客厅都是活动场所，布置在一起可以获得更宽敞的就餐体验，这两种空间的融合，丰富了餐厅的功能表现形式，同时还增大了客厅面积。餐厅与客厅设在同一个房间，为了与客厅在空间上有所分隔，可通过矮柜、组合柜或软装饰做半开放或封闭式的分隔。

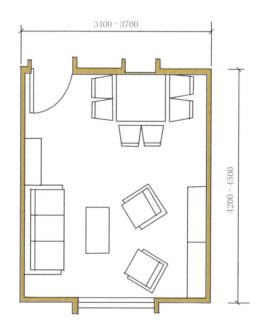

↑ 餐厅与客厅合设时，需要预留人在两个功能空间中穿行的足够空间，一般情况下可按照一股人流计算，因而走道净尺寸应大于 600mm

3 和厨房合并布置

餐厅和厨房合并布置是西方国家的一种布局手法，我国目前也较为流行。这种形式缩短了餐厅到厨房的动线，可以使家务的进行更加顺畅。有所不足的是烹调区域的油烟无法遮挡，进食时会受到影响。

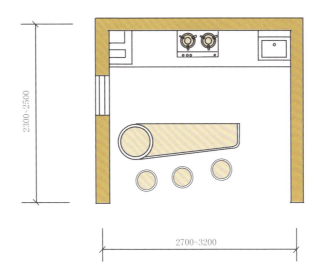

厨房附设餐桌

2. 餐厅的家具尺寸

餐厅常见家具尺寸图例

单位：mm

长方桌	长	850~2400	方形桌	长	600~1200
	宽	600~1000		宽	600~1200
	高	700~780		高	700~780
圆桌	直径	800~1800（大圆桌）	餐边柜	长	800~1800
		700~780（小圆桌）		宽	350~400
	高	700~1800		高	600~1000
壁柜	长	800~1800	餐椅	座宽	400~600
	宽	400~550		座深	400~500
	高	1500~2000		座高	400~500

3. 餐厅的人体尺寸关系

餐厅中的家具主要是餐桌、餐椅、餐边柜，可根据餐食面积和家庭人口数选择，一般来说，餐桌大小不超过整个餐厅的1/3。

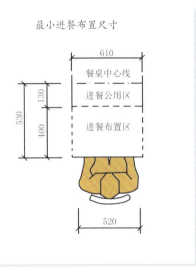

最小进餐布置尺寸

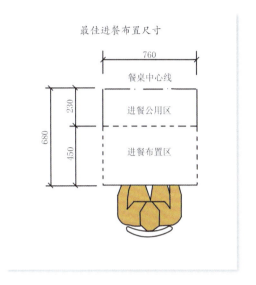

最佳进餐布置尺寸

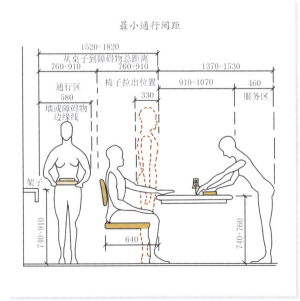

最小通行间距

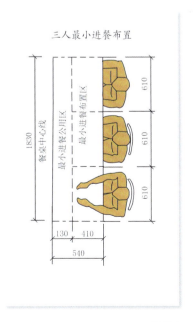

三人最小进餐布置

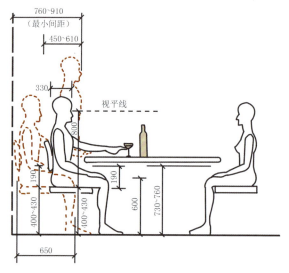

最小就座间距（不能通行）

 小贴士

桌椅高度可以根据使用者进行定制，可按照公式来确定：
一般座面高 = 身高 ×0.25-1
桌面高 = 身高 ×0.25-1+ 身高 ×0.183-1
（座面高、身高、桌面高的单位为 cm）

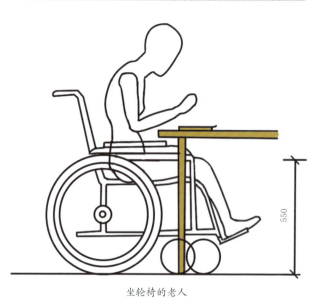

坐轮椅的老人

↑乘坐轮椅的老人膝盖高度要比正常坐姿老人高 40~50mm，所以要注意保证餐桌下沿高度足够，从而方便老人入座

家庭用的餐桌一般是圆桌或者方桌，若比较喜欢围坐的氛围可以选择圆桌，但注意不能将圆桌靠墙布置，以免人无法入座。方桌则可以使空间更为简洁，且较容易布置。

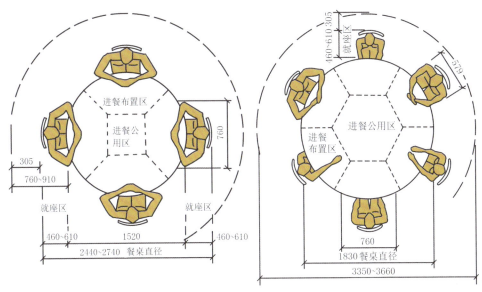

四人用圆桌（正式用餐的最佳尺寸圆桌）　　　　　　六人用圆桌（正式用餐的最佳尺寸圆桌）

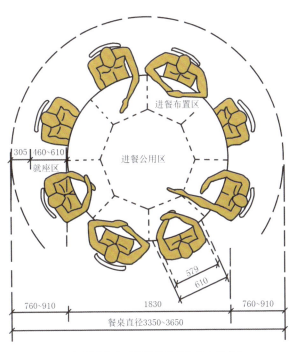

八人用圆桌（正式用餐的最佳尺寸圆桌）

方形餐桌是大多数家庭会选用的餐桌，其优点是比较方正，容易摆放。

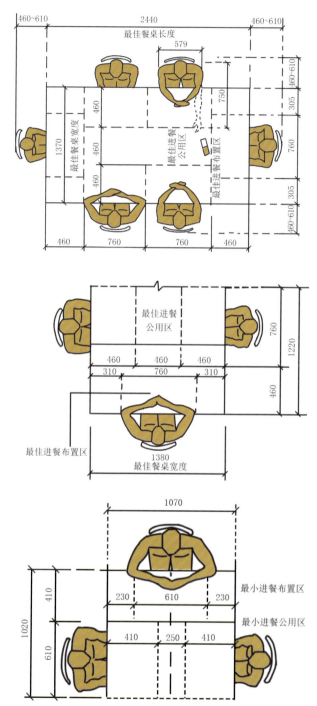

↑ 一般来说，一个人所占舒适的就餐面的尺寸为460mm×760mm，可以按照这个标准通过家庭成员人数来估算餐桌的尺度

4. 餐厅环境设计与人的关系

（1）餐厅光环境

住宅餐厅光环境的营造主要采用灯光，这其中的焦点是餐桌。在设计时，一般采用低垂的吊灯，可以打造团圆的气氛，使用暖色的灯光还可以使食物更加诱人，促进人的食欲。

适当的高度：吊灯不能安装得过高，光线重心要足够低，要使光线有一定的聚拢感，在就餐者的视平线上即可，具体可保持在距离桌面 650~1000mm 的高度范围。

温暖的光线：为增加食欲，尽量采用显色指数较高的荧光灯或白炽灯，以黄色和橙色为主，不仅可以获得柔和、舒适的光环境，还能激起人们的食欲。

（2）餐厅色彩

根据功能选取色调：从功能方面考虑，厨房使用色彩首先是为改善进餐者的食欲和心情，因而家具的色彩以略显活跃为佳，整体以暖色为主，黄色、橙色系列比较理想。

根据空间大小选取色调：大部分餐厅为中小型空间，为提高和扩大空间的视觉效果，在色彩的选择上宜用浅亮的暖色和明快的色调。面积大的餐厅则可以适当选取深色的收缩色，让人产生适度的尺度感。

（3）餐厅声环境

住宅中餐厅的声环境的核心内容是噪声控制，其标准为白天 ≤ 55dB，夜晚 ≤ 45dB，噪声控制在这个标准内可以不影响人的注意力，不对人形成干扰。

（4）餐厅热环境

餐厅是人们就餐的场所，因为饭菜的温度较高、味道较浓，所以要保证餐厅适宜的温度和良好的通风。

温度：为了使人在就餐时感到舒适，餐厅内的温度一般控制在 23~27℃。

通风：餐厅的通风方式一般选择自然通风。自然通风可以去除餐厅的食品味道，也能防止病毒的传播。

思考与巩固

1. 餐厅的功能都有哪些？一般都是怎么进行布置的？
2. 餐厅中常见的餐桌餐椅尺寸是多少？
3. 餐厅一个人就餐面尺寸是多少？
4. 餐厅在灯具的布置上有什么特点？高度设置在多少较为合适？

四、卧室空间设计

学习目标	本小节重点讲解卧室的布置形式和家具尺寸。
学习重点	掌握卧室家具的基本尺度和与人的尺度关系，了解不同环境设计手法对人的心理影响。

1. 卧室的功能分区与布置形式

卧室是住宅中最具私密性的房间，这就要求在设计时要符合隐蔽、安静、舒适等条件。卧室的功能可以兼具多种，主要功能是睡眠和休息，因而在设计时要注意区分功能点，并合理布置家具，保持便利性，以保证居住者身心愉悦。

（1）卧室的功能分区

根据居住者和房间大小的不同，卧室内部可以有不同的功能分区，一般可以分为睡眠区、更衣区、化妆区、休闲区、读写区、卫生区。

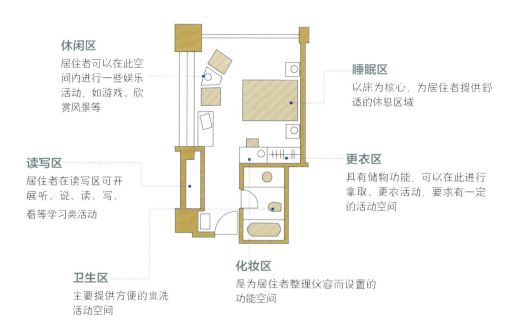

休闲区
居住者可以在此空间内进行一些娱乐活动，如游戏、欣赏风景等

睡眠区
以床为核心，为居住者提供舒适的休息区域

读写区
居住者在读写区可开展听、说、读、写、看等学习类活动

更衣区
具有储物功能，可以在此进行拿取、更衣活动，要求有一定的活动空间

卫生区
主要提供方便的盥洗活动空间

化妆区
是为居住者整理仪容而设置的功能空间

（2）卧室的布置方式

卧室的布置需要综合考虑卧室的形状、面积、门窗位置等因素，一般来说双人小卧室面积大于等于 8m²，小卧室不宜设置在阳台。

① 纵向布置的卧室

◆ 单人床的布置形式

采用单人床的卧室一般空间面积较小，因而在布置时尽量把床沿墙布置，以减少走道的交通面积。

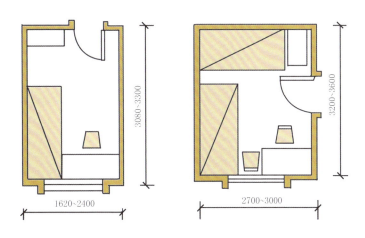

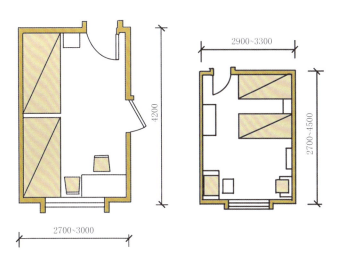

◆ 双人床的布置形式

　　双人床在纵向房间布置时要注意门不要直接对床,以免开门时一览无余,从而丧失私密性和安全感。

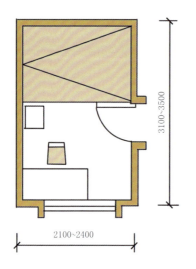

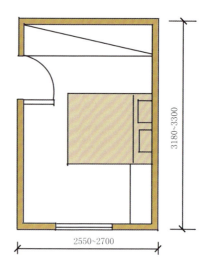

② 横向布置的卧室

◆ 单人床的布置形式

　　横向卧室在布置单人床时要注意留有足够的通行空间,柜子在摆设时要注意开启方向,尽量保证室内面积的完整。

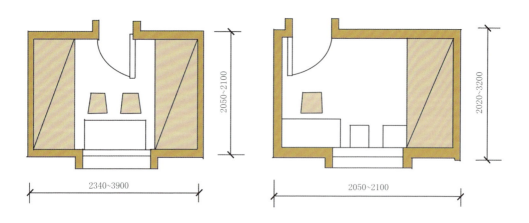

◆ 双人床的布置形式

　　横向房间布置双人床可把床放在中心区域，预留充足的行走空间，其他的家具如柜子可沿着门口区域的墙布置，书桌或者梳妆台尽量布置在窗户附近。

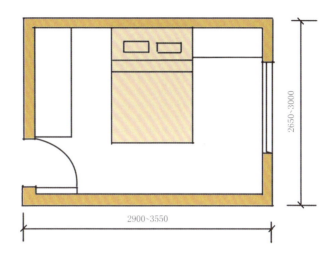

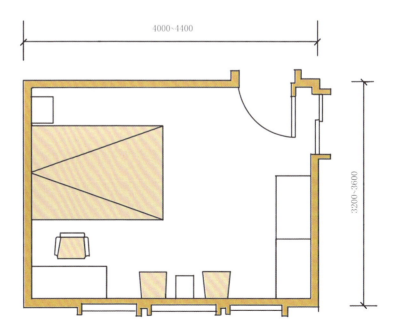

2. 卧室的家具尺寸

卧室常见家具尺寸表

单位：mm

家具		尺寸	
双人床		长	2050~2100
		宽	1350~1800
		高	420~440
双门衣柜		长	1000~1200
		宽	530~600
		高	1800~1900
单人床		长	2050~2100
		宽	720~1200
		高	420~440
三门衣柜		长	1200~1350
		宽	530~600
		高	1800~1900
折叠沙发床		长	2050~2100
		宽	550~600
		高	400~440

续表

家具		尺寸	
五斗橱		长	900~1350
		宽	500~600
		高	1000~1200
双层床		长	1920~2020
		宽	720~1000
		高	400~440（层间高大于980）
梳妆台		长	850~1200
		宽	大于500
		高	1000~1600
婴儿床		长	700~1000
		宽	600~700
		高	900~1100
箱子		长	700~950
		宽	400~600
		高	320~500
床头柜		长	350~400
		宽	400~500
		高	650~700

3. 卧室的人体尺寸关系

（1）成人卧室家具与人体尺寸

① 床的尺寸

卧室的主体是床，人与床的关系是以人体结构尺寸为依据来确定床的高度、宽度、长度，使床的尺度能满足就寝时各种姿势的要求。

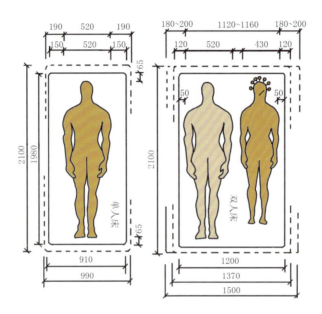

单人床与双人床

② 人与床的尺寸

在选择床时，不可以一味地追求大而忽略了过道空间，否则会给生活带来不便，如果是双人床，建议床两边预留 700mm 以供活动。

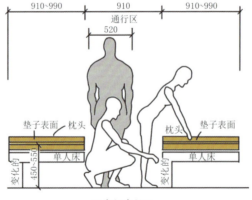

双床间床间距

双层床主要是为了节省空间而设计的，是在以往的床上方增加一个床位的家具形式。

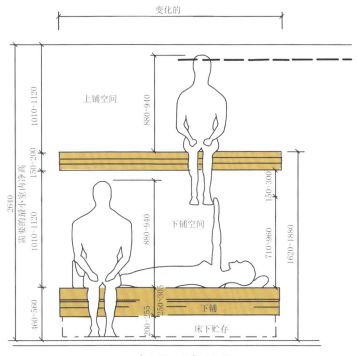

成人用双层床正立面

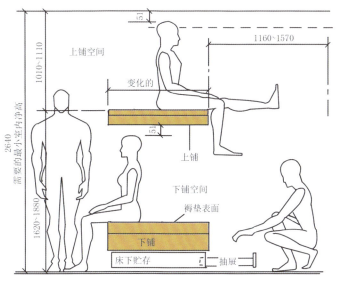

成人用双层床侧立面

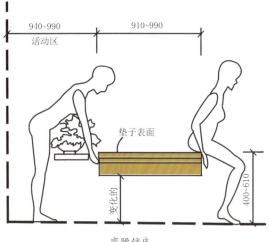

弯腰铺床

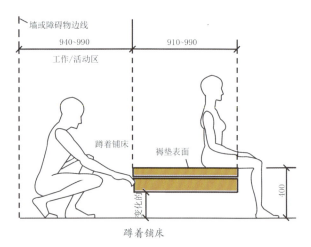

蹲着铺床

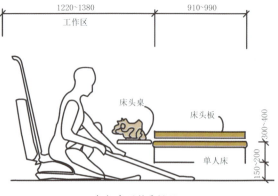

打扫床下所需间距

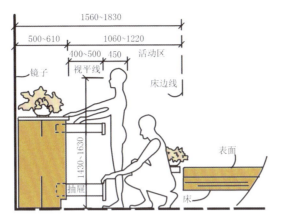

小衣柜与床的间距

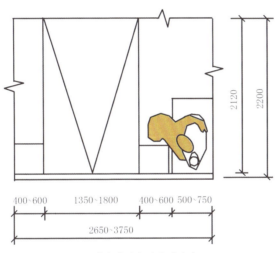

床与床头柜的位置关系

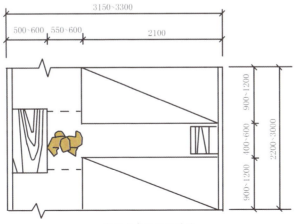

床与书桌的位置关系

第二章 居住活动与住宅空间设计

③ 人与桌椅的尺寸

卧室放置一张桌子和一把椅子，距离床的距离至少 1m，并有个能收纳椅子的地方，如果需要加入梳妆台，也要放置在同样的距离。

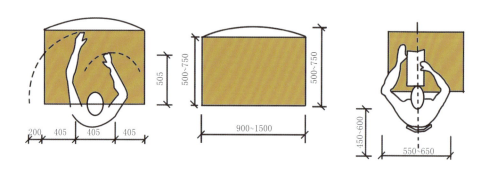

书桌使用的范围尺度

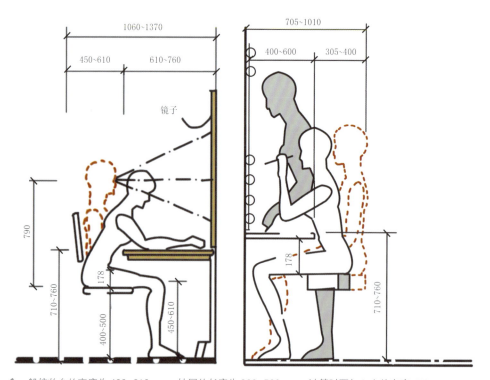

↑ 一般梳妆台的宽度为 400~610mm，抽屉的长度为 300~500mm，计算时要加入人的宽度 450mm

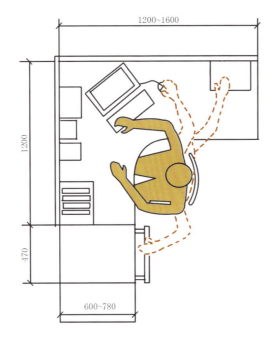

含电脑的书桌使用尺度

注：正确的桌椅高度应该能使人在就座时保持两个基本垂直：一是当两脚平放在地面时，大腿与小腿能够基本垂直，这时，座面前沿不能对大腿下平面形成压迫；二是当两臂自然下垂时，上臂与小臂基本垂直，这时桌面高度应该刚好与小臂下平面接触，这样就可以使人保持舒适的坐姿。

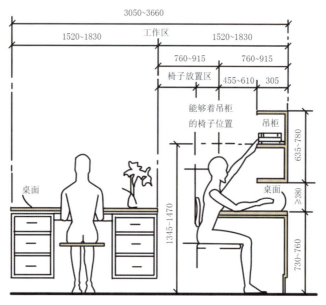

设有吊柜的书桌使用尺度

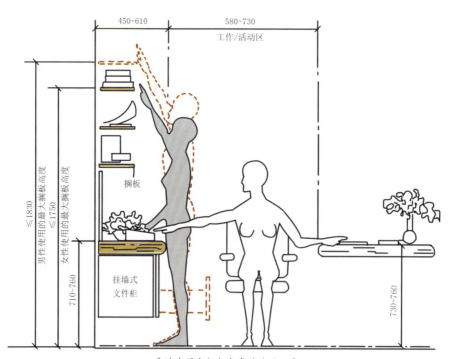

靠墙布置书柜与书桌的使用尺度

↑ 在卧室进行学习活动时，日常工作所需要的文件架、笔筒等摆放的距离应该接近手臂的长度，大约500~600mm，相邻搁板间的高度以380~400mm为宜

④ 衣帽间尺寸

衣帽间的核心是衣柜，不同的衣柜，宽度、高度、深度各有不同，一般标准的衣柜深度为600mm，推拉门另外需要减去100mm的滑动空间，实际深度只有500mm。

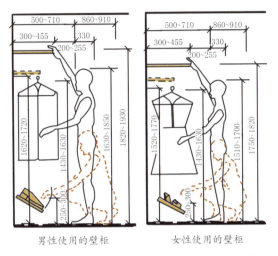

男性使用的壁柜　　　女性使用的壁柜

↑存储短衣服，可以把衣柜分为上下两部分，最佳间距是800~1000mm。一件大衣或长裙最佳离地高度为1700~1900mm，裤子的高度应该在 1200~1300mm 之间

> **小贴士**
>
> 内衣适合放在离地面1000mm的抽屉里，衣柜抽屉离地面的距离最好不要超过1200mm，否则使用起来会非常不方便，搁板之间的高度为350~400mm。

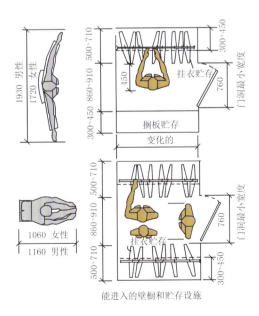

能进入的壁橱和贮存设施

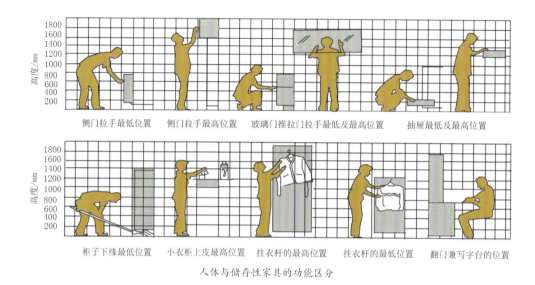

人体与储存性家具的功能区分

衣柜空间内的高度及使用建议

单位：mm

高度	使用建议
＜600	较少使用物品的储藏空间； 轻质物品容易拿取；重质物品拿取比较困难
600~800	重质物品容易拿取；轻质物品极易拿取
800~1100	存储的最佳区域
1100~1400	轻质物品较易或极易拿取，视觉可达性好，重质物品拿取比较困难
1400~1700	多数男人以及女人能够拿取，建议存放轻质物品
1700~2200	非常有限的存取使用空间，对于一些人来说已经超过了可使用范围

⑤ 其他尺寸

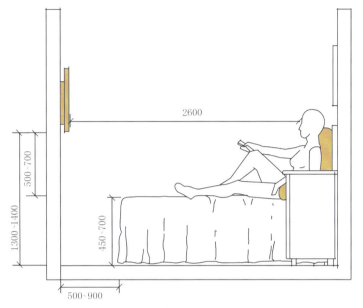

看电视尺度

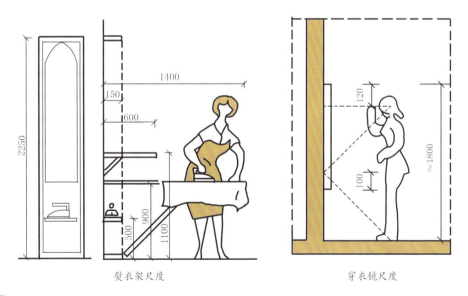

熨衣架尺度　　　穿衣镜尺度

 小贴士

如果一个家庭要配一面穿衣镜，穿衣镜下沿最小高度配置为家里最高人身高的一半。

（2）儿童卧室人体尺寸

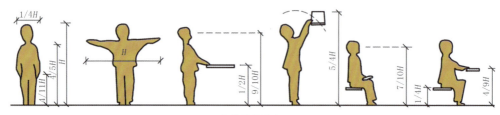

儿童活动尺寸

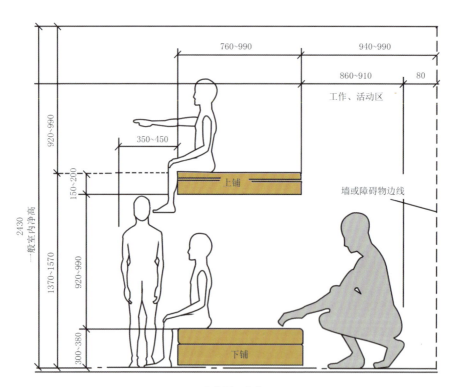

儿童用双层床

注：对于双层床铺来讲，更应注重两层之间的距离，保证足够的活动空间，才不至于碰到头部。通常来讲，双层儿童床附带围栏、梯柜等配件。

（3）老年人卧室人体尺寸

老年人卧室的整个空间布局，要针对家具的摆放位置、尺寸进行适老化设计。

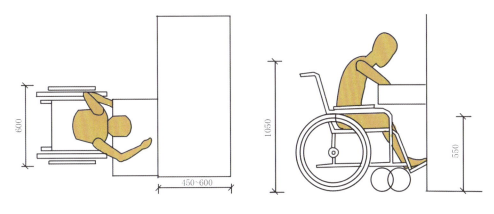

抽屉高度

↑ 由于坐轮椅的老人膝盖要比正常情况下高 40~50mm，且由于在轮椅上，视点较低，因而抽屉的位置应高于膝盖，低于肩膀

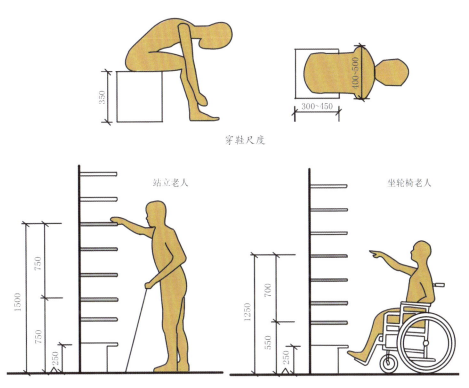

穿鞋尺度

不同老人取物尺度

↑ 由于年龄增长，相对来说老年人平均身高较矮，因而柜子的高度尽量做得矮一点

4. 卧室环境设计与人的关系

（1）卧室光环境

卧室是家庭中主人休息的空间，在照明设计时应根据房屋的使用特点、家庭行为习惯等实际情况进行人工照明的针对性设计。

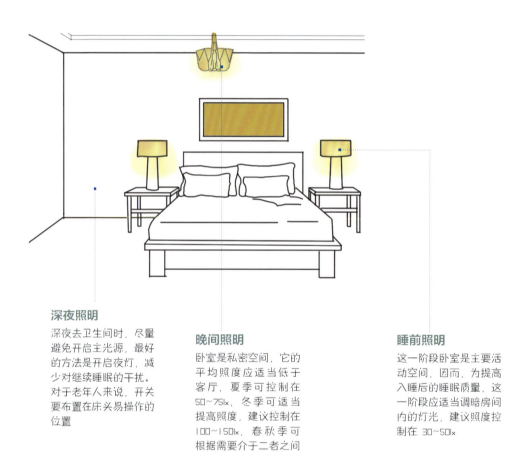

深夜照明

深夜去卫生间时，尽量避免开启主光源，最好的方法是开启夜灯，减少对继续睡眠的干扰。对于老年人来说，开关要布置在床头易操作的位置

晚间照明

卧室是私密空间，它的平均照度应适当低于客厅，夏季可控制在50~75lx，冬季可适当提高照度，建议控制在100~150lx，春秋季可根据需要介于二者之间

睡前照明

这一阶段卧室是主要活动空间，因而，为提高入睡后的睡眠质量，这一阶段应适当调暗房间内的灯光，建议照度控制在30~50lx

注：在照明方式比较单一的情况下，尽量不要把吊灯布置在床的上方，或者采用灯罩进行遮挡，这样人在床上躺着时，能避免灯光刺激眼睛。在天花上装置小灯或者灯带，能为整个房间提供很好的环境光。

（2）卧室色彩

卧室色彩运用要考虑不同居住者的性格，这就需要遵循一定的规律，只有掌握不同居住者的个性及对色彩的不同心理要求，才能把卧室色彩的运用更加和谐美观地展现在人们的面前。

性格与卧室颜色对照表

性格种类	卧室色彩	作用
开朗活泼、热情	暖色、亮色（红、黄、橙）	保持活力、积极向上
内向、宁静	中性色（淡蓝、浅紫、灰）	变得稳重
奇特、孤僻	暖色（浅黄、红、粉色）	兴奋愉快、增强自信
沉闷、忧郁	绿色、红色	使得胸襟开阔
自傲、狂妄	黄色、紫色、黄绿色	安静低调、虚心上进

（3）卧室声环境

卧室是人们停留时间最长的地点，噪声过大会影响人的睡眠和新陈代谢，从而不能很好地生活和工作，因而在设计时要考虑到卧室的防噪声和隔声，尽量减少噪声对人的干扰。

卧室噪声标准

单位：dB（A）

房间名称		标准值
卧室	昼间	≤ 40
	夜间	≤ 30

（4）卧室热环境

卧室的热环境主要取决于房间的朝向以及楼层。通常南向房间要比北向房间温暖宜人，中间楼层要比顶层和底层干燥舒适。为保证舒适的热环境，可以通过供暖、制冷、通风的手段达到目的。

> **思考与巩固**
>
> 1. 卧室中各种床的尺寸是多少？床边留出多少距离才能足够人通过？
> 2. 梳妆台或者书桌为了不卡腿，一般会留出多大的空间？
> 3. 衣柜前预留出多少距离可以更好地更换衣物？
> 4. 卧室色彩若根据使用者性格来配色，应该怎么选取相应的色彩？

五、厨房空间设计

学习目标	本小节重点讲解厨房的规划原则和布置形式以及人在厨房内的尺寸关系。
学习重点	掌握厨房家具的基本尺度和人在厨房内部的各种尺度关系。

1. 厨房的规划原则与布置形式

（1）厨房的规划原则

厨房是住房中使用最频繁、家务劳动最集中的地方。除了传统的烹饪食物以外，现代厨房还具有强大的收纳功能，是家庭成员交流、互动的场所。因此，厨房的装修设计应该更多地考虑实用、安全、互动和卫生。厨房具体设计空间布局应根据人在厨房内的需求，也就是厨房需要具备的功能来规划，具体原则有三项。

① 丰富的储存空间

一般家庭厨房都尽量采用组合式吊柜、吊架，合理利用一切可贮存物品的空间。组合橱柜常用下面部分贮存较重较大的瓶、罐、米、菜等物品，操作台前可延伸设置存放油、酱油、糖等调味品及餐具的柜、架，煤气灶、水槽的下面都是可利用的存物场所。

轻 吊柜
吊柜位于橱柜的最上层，使厨房的上层空间得到完美利用。一般可以将重量相对较轻的碗碟或易碎物品放在此处。另外，由于吊柜较高，拿取物品相对不便，因此也可以将一些使用频率较低的物品放在此处

重 地柜
地柜位于橱柜的底层，对于较重的锅具或厨具，不便放于吊柜里的，地柜便可轻而易举地解决

常 台面
橱柜台面是厨房中最容易显乱的地方，因为日常烹饪中所用到刀具、调味料、微波炉、电水壶等，为了拿取方便，都会放置在此。于是，橱柜台面很容易出现收纳窘境

② 足够的操作空间

在厨房里，要洗涤和配切食品，要有搁置餐具、熟食的周转场所，要有存放烹饪器具和佐料的地方，以保证基本的操作空间。现代厨具生产已走向组合化，应尽可能合理配备，以保证现代家庭厨房拥有齐全的功能。

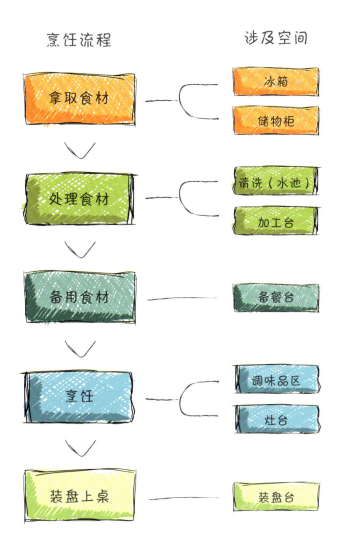

③ 充分的活动空间

厨房里的布局是顺着食品的贮存、准备、清洗和烹调这一操作过程安排的，应沿着三项主要设备即炉灶、冰箱和洗涤池组成一个三角形。因为这三个功能通常要互相配合，所以要安置在最适宜的距离以节省时间和人力。这三边之和以3.6~6m为宜，过长和过短都会影响操作。

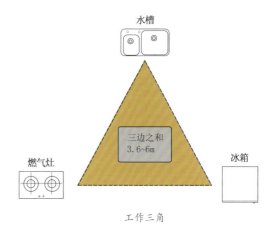

工作三角

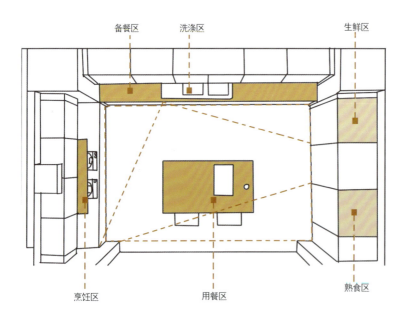

↑ 三角形工作空间又可以根据其具体功能的不同，更细致地划分为：餐具储藏区、食品储藏区、洗涤区、准备区、烹饪区

通过图示分析操作步骤，我们发现，厨房在操作时，洗涤区和烹饪区的往复最频繁，应把这一距离调整到 1.22~1.83m 较为合理。为了有效利用空间、减少往复，建议把存放蔬菜的箱子、刀具、清洁剂等以洗涤池为中心存放，在炉灶两侧应留出足够的空间，以便于放置锅、铲、碟、盘、碗等器具。

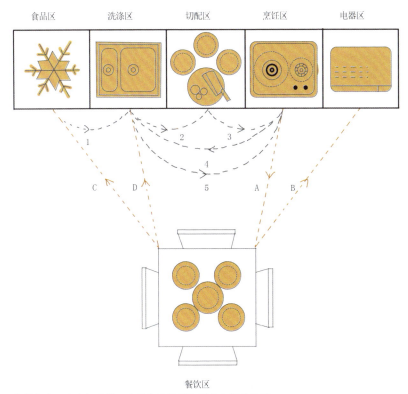

↑ 数字为厨房内部动线，字母为用餐区和厨房之间的动线

 小贴士

在日常生活中，厨房的布置应大体遵循"拿-洗-切-炒"这条动线不交叉的原则。即在冰箱拿出食材——走到洗涤区清洗——在切配区处理——在烹饪区烹炒，这条动线要尽量在一条直线或一个圆上，避免交叉。

（2）厨房的常见布局

在日常生活中，厨房是一个功能性极强的区域，分区布局是厨房的核心。厨房的布置受到住宅原有的燃气管道、排烟管井、给排水管道以及地面的预先沉降的限制，无法进行大刀阔斧的改造。但其整体的面积可以增减，通过对空间和平面布局的适当调整，合理利用空间，能使其符合使用者的操作习惯，使人感到更加舒适。

▶ 一字型厨房

一字型厨房即厨房和橱柜呈"一"字形长条布置，适用于小户型的厨房中，也适用于餐厨结合的开放式厨房，比较节省空间。使用者的动作呈直线进行，动线距离较长。

备注：极限布置尺寸 1950mm×1500mm，需配置单眼燃气灶、洗涤槽

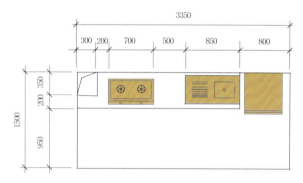

↑一字型厨房适宜的布置方式

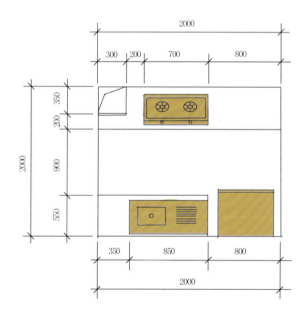

↑二字型厨房适宜的布置方式

◀ 二字型厨房

顾名思义，二字型厨房布局就是操作平台位于过道两侧，要求厨房有足够的宽度，以容纳双操作台和走道。直线行动较少，需要操作者转180°，也由于设备的增多，储藏量明显增加。

备注：极限布置尺寸 1050mm×2000mm，需配置单眼燃气灶、洗涤槽

▶ L 型厨房

　　L 型厨房使整个厨房的设计呈现"L"字形布局，在两个完整的墙面上布置连续的操作台，是一种比较常见的布置形式。适用于狭长型、长宽比例大的厨房。对操作者来说动线较短，从冰箱到洗手槽、调理台、灶台的操作顺序不重复，但转角部分需要合理布置，以提高利用率。

备注：极限布置尺寸 1600mm×1500mm，需配置单眼洗涤槽

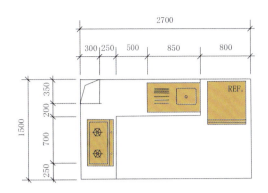

↑ L 型厨房适宜的布置方式

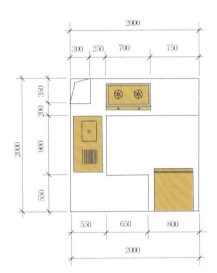

▶ U 型厨房

　　U 型厨房是双向走动、双操作台的形式，是实用而高效的布置形式。利用三面墙来布置台面和橱柜，适用于宽度较大的厨房，若宽度不够，建议做成 L 型。在厨房面积不大时，将水槽放置在"U"字形底部，准备区和烹饪区放置在两侧，形成工作三角。在厨房的转角部分尽量不要布置主要的操作功能区。U 型厨房是动线最短的一种设计方式，提高了效率，实用性高。

备注：极限布置尺寸 1100mm×2000mm，需配置单眼洗涤槽并置于非管道的一侧，燃气灶置于"U"字形底部

← U 型厨房适宜的布置方式

▶ 岛型厨房

　　岛型厨房一般是在一字型、L 型或者 U 型厨房的基础上加以扩展，中部或者外部设有独立的工作台，呈现岛状。中间的岛台上设置水槽、炉灶、储物或者就餐用餐桌和吧台等设备，是西方开放式厨房经常采用的布局，要求厨房有足够的深度和宽度，对面积的要求较高。

备注：岛型厨房布局较为自由，尺寸较为灵活

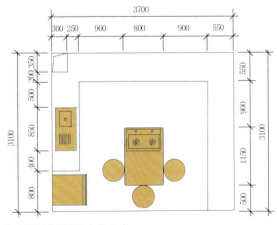

↑ 岛型厨房适宜的布置方式

2. 厨房的家具尺寸

（1）常见家具尺寸

厨房常见家具尺寸表

单位：mm

家具		尺寸
地柜	长	800~1200
	宽	550~600
	高	680~700
吊柜	长	800~1200
	宽	300~350
	高	300~750
壁柜	长	500~1200
	宽	550~600
	高	1800~2000
搁板	长	400~800
	宽	250~300
	高	20~30
收纳柜	长	400~1200
	宽	350~500
	高	800~1200

（2）整体橱柜示意图例

整体橱柜是指由橱柜、电器、燃气具、厨房功能用具四位一体组成的橱柜组合，相比一般橱柜，整体橱柜的个性化程度更高，可以根据不同需求实现厨房工作每一道操作程序的协调，并营造出良好的家庭氛围。

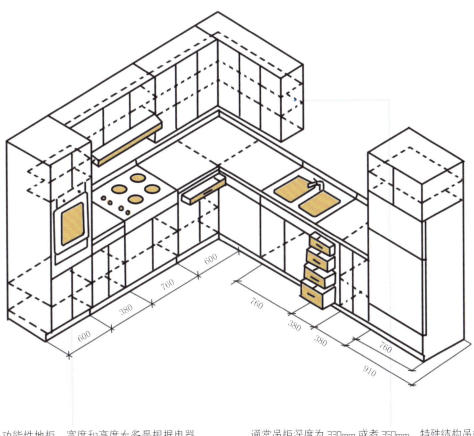

功能性地柜，宽度和高度大多是根据电器和需求设定，例如微波炉地柜常见宽度和高度分别为 600mm、650mm；烤箱地柜常见宽度为 600mm，高度为 650~720mm；中高立柜常见高度为 1390mm

通常吊柜深度为 330mm 或者 350mm，特殊结构吊柜如转角吊柜基本取 650~750mm 之间

3. 厨房的设备及餐具

（1）主要设备尺寸

厨房主要设备尺寸表

单位：mm

设备		尺寸
冰箱	长	550~750
	宽	500~600
	高	1100~1650
电烤箱	长	400~500
	宽	300~350
	高	250~300
微波炉	长	550~600
	宽	400~500
	高	300~400
燃气灶（台式）	长	725
	宽	375
	高	115
燃气灶（镶嵌式）	长	680
	宽	380
	高	50

（2）主要餐具尺寸

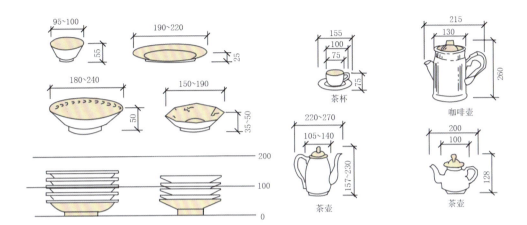

（3）主要设备基本平面布置

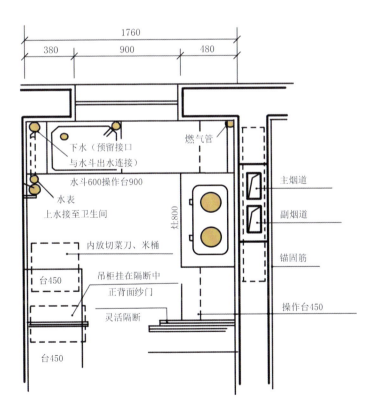

4. 厨房的人体尺寸关系

厨房各个方位的尺寸直接对生活产生影响：切菜洗菜顺不顺手、脱排油烟机会不会碰头、上柜是否高得拿不到东西等，因而按照合理的尺寸科学装修厨房是十分重要的。

（1）炉灶操作的人体尺度关系

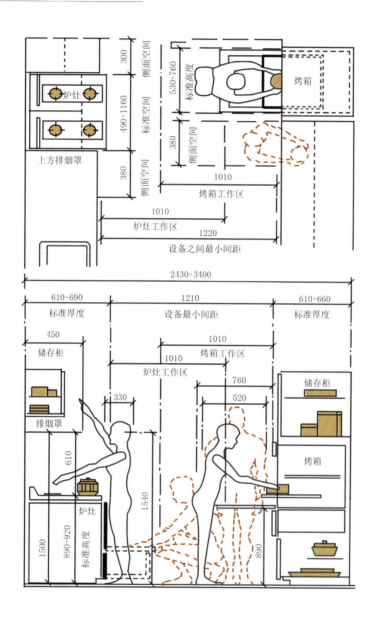

（2）案台操作的人体尺寸关系

通常来说，若厨房面积比较大，台面宽度≥600mm，这样的宽度一般的水槽和灶具的安装尺寸都可以满足，挑选余地比较大；若厨房面积小，宽度可以≥500mm。

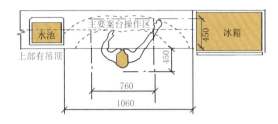

← 深度方面，一般来说，台面适合 650mm

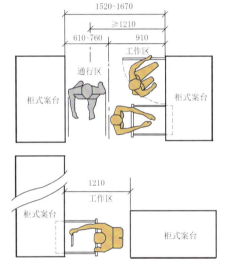

← 案台的操作面尺寸应根据使用者以及其就餐习惯来确定，如：操作者前臂平抬，从手肘向下 100~150mm 的高度为厨房台面的最佳高度

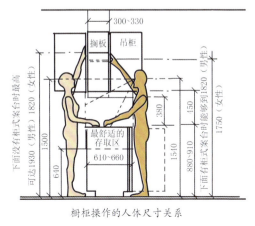

橱柜操作的人体尺寸关系

← 若想使得下面的柜子容量大的话，就选择 100~150mm 的台面厚度，如果考虑到承重方面的话，可以选择 250mm 厚的台面

（3）水池操作的人体尺寸关系

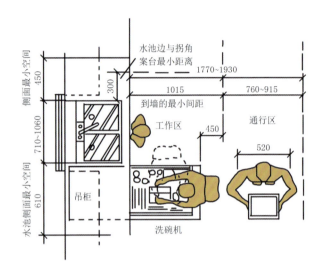

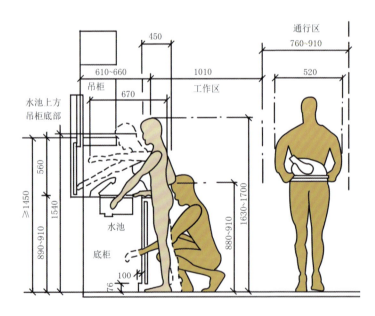

↑根据人体工程学原理及厨房操作行为特点，在条件允许的情况下可以将橱柜工作区台面划分为不等高的两个区域。水槽、操作台为高区，燃气灶为低区

（4）冰箱操作的人体尺寸关系

在摆放冰箱时，要把握好工作区的尺寸，以防止转身时太窄、整个空间显得局促。

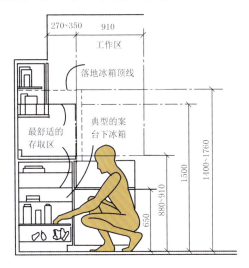

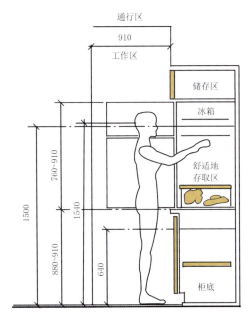

冰箱操作的人体尺寸关系

> 🔊 **小贴士**
>
> 冰箱如果是后面散热的，两边要各留 **50mm**，顶部留 **250mm**，这样冰箱的散热性能才好，确保其正常运作。

5. 厨房环境设计与人的关系

（1）厨房光环境

选用显色性良好的灯具：厨房中优良的显色性对于辨别肉类、蔬菜、水果的新鲜程度是至关重要的。设计时以暖色光为主，灯具亮度应相对较高，可以给人温暖、热情的视觉印象，增加人们的劳动积极性，提高制作美食的热情度，增加幸福指数。

功能至上：厨房的功能性决定了其灯光设计的功能性大于装饰性。在灯具的选择上，要尽量选择一些防尘、防水、防雾、防油的灯具。

集成吊顶灯（环境光）　　水槽灯（焦点光）

灯带轮廓光　　柜底灯（焦点光）

↑ 由于烹饪者操作时低头背对光线，容易产生阴影，因此要在料理台和水槽上方增加焦点光补充照明

（2）厨房色彩

厨房是一个需要亮度和空间感的空间，要避免造成狭小、昏暗的感觉。厨房优先使用浅色调，其具备扩大延伸空间感的作用，只需保证用色比例在 60% 以上，就可以令厨房看起来不显局促。厨房应尽量避免大面积的深色调，容易使人感到沉闷和压抑。

↑ 浅色调厨房空间显得明朗

↑ 深色调厨房空间显得沉闷

（3）厨房声环境

厨房本身就是一个噪声源，在厨房操作时会产生各种噪声，因而厨房的门、吊顶、楼板都需要做一些隔声处理，以免对其他空间或者邻居造成干扰。

（4）厨房热环境

厨房的热环境关系到人在厨房操作时的舒适性，厨房通常的标准是温度保持在 17~27℃，湿度在 40%~70% 之间比较适宜。

思考与巩固

1. 在厨房进行家务活动时流程是怎样的？各自涉及的空间都有哪些？
2. 厨房的经典布局形式都有什么？各自具有什么特点？
3. 为什么说 L 型和 U 型厨房比较适宜使用？
4. 操作炉灶时的人体尺度关系是怎样的？
5. 在为厨房设计照明时，有哪些问题需要注意？

六、卫浴空间设计

学习目标	本小节重点讲解卫生间和浴室的功能分区和家具尺寸。
学习重点	掌握卫生间内洁具的尺寸和布局形式。

1. 卫浴间的功能分区与分类

卫浴空间在家庭生活中是使用频率最高的场所之一，不仅是人解决基本生理需求的地方，而且还具有私密性，因而要时刻体现人文关怀，布置时合理组织功能和布局。

（1）卫浴空间的功能分区

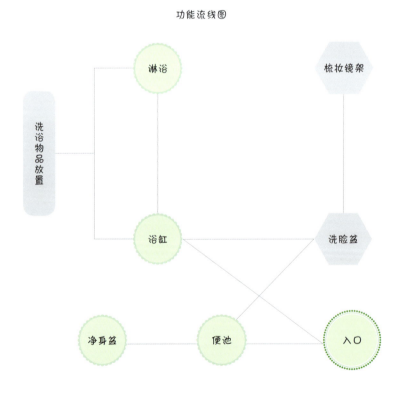

功能流线图

（2）卫浴空间的分类

卫生间可按照家庭中的使用者进行分类，不同的使用人群在设备配置和功能划分上会有所不同，大致可以分为主人用卫生间、公共卫生间、老人用卫生间。

<u>主人用卫生间</u>：主人使用的卫生间一般设置在主卧里，是专供主人使用的，私密性和隐私性很好。在面积条件允许的情况下，可以增添一些休闲型的沐浴设备，以提高生活质量。

<u>公共卫生间</u>：公共卫生间是家中的任何成员或者客人使用的卫生间，使用人数较多，通常来说设置淋浴而不设置浴缸。若住宅中没有生活阳台，还需要预留洗衣机的位置。

<u>老人用卫生间</u>：家中若有行动不便的老人，在卫浴空间的设置上还需要有所改良，要按照无障碍的规范设计，可以通过加大通道面积和增加扶手来实现。

2. 卫浴间的布置形式

住宅卫浴间的平面布局与住户的经济条件、生活习惯、家庭人口构成、设备大小有很大的关系，可划分为兼用型、折中型以及独立型。

（1）兼用型

兼用型是把洗手盆、便器、淋浴或浴盆放置在一起的一种布置方式。

优点：节省空间面积、管道布置简单，相对来说经济实惠、性价比高。且所有活动都集中在一个空间内，动线较短。

缺点：空间较为局促，而且当有人使用时，他人就不能使用。面积较小时，相应的储藏能力就会降低，不适合人口多的家庭使用。

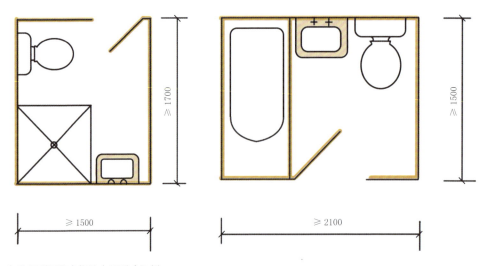

↑ 兼用型卫浴空间的布置形式示例

（2）折中型

是指卫浴空间中的基本设备相对独立，但有部分合二为一的布置形式。

优点：相对来说是经济实惠而且使用方便的布置形式，不仅节省空间，组合方式也比较自由。

缺点：部分设备布置在一起，可能会产生相互干扰的情况。

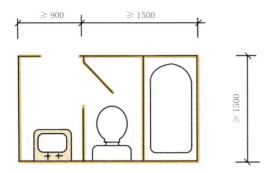

（3）独立型

卫浴空间中的盥洗、浴室、厕所分开布置的形式就是独立型。

优点：各个空间可以同时使用，在使用高峰期时避免相互之间的干扰，各室分工明确，减少了不必要的等待时间，更为舒适，适合人口多的家庭使用。

缺点：占用了较大的空间面积，造价也较高。

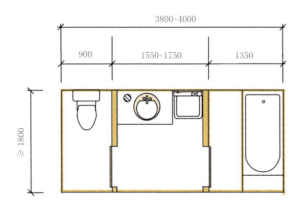

 链接

独立型的卫浴间也可以理解为三卫的概念，即水卫、厕卫、浴卫。
水卫：以盥洗、洗涤为主，直接与浴室内的其他空间相联系，可做隔断。
厕卫：指公共卫生间，主要功能是如厕，兼洗浴。
浴卫：即主卫，私密性强，可增设休闲功能。

3. 洁具的尺寸

卫生间的洁具主要有大便器、小便器、浴缸、台盆等，在设计时要充分考虑到卫生间面积的大小，以此为依据选择合适的洁具，从而在布置时更符合人体工程学原理，使用起来更舒适。

常见洁具示例尺寸

单位：mm

坐便器	宽	400~490
	高	700~850
	座高	390~480
	座深	450~470
滚筒洗衣机	长	600
	宽	450~600
	高	850
电热水器	长	700~1000
	直径	500

续表

浴缸	长	1200~1700	
	宽	700~900	
	高	355~518	
立式洗面器	长	590~750	
	宽	400~475	
	高	800~900	
台盆柜	长	600~1500	
	宽	450~600	
	柜高	800~900（台柜设计） 450~650（吊柜设计）	
碗盆柜	长	600~1200	
	宽	400~550	
	柜高	600~700（台柜）350~400（吊柜）	

4. 卫浴空间的人体尺寸关系

（1）卫浴空间中的人体尺度

① 洗漱动作尺寸

盥洗环节主要涉及的动作是台盆处的洗漱动作。

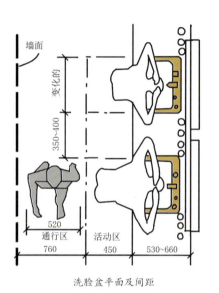

洗脸盆平面及间距

洗脚及净身

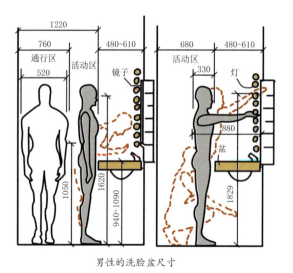

男性的洗脸盆尺寸

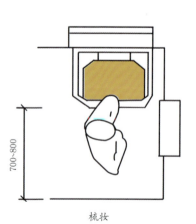

梳妆

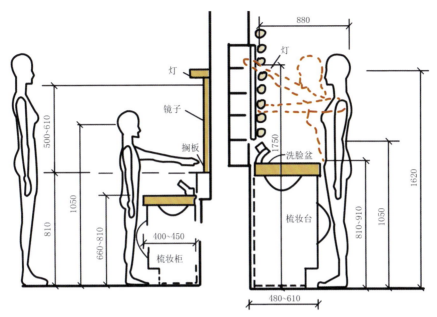

女性及儿童的洗脸盆尺寸

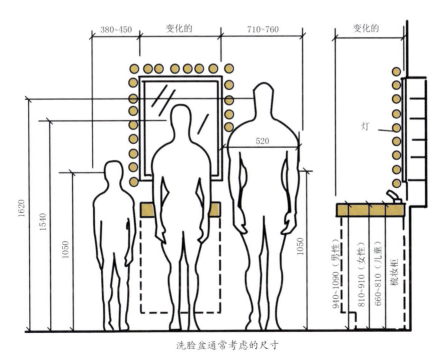

洗脸盆通常考虑的尺寸

↑一般洗脸台的高度为800~1100mm，理想情况一般为900mm，这也是符合大多数人需求的标准尺寸

② 便溺动作尺寸

便溺的动作尺寸根据设备的不同而不同，可分为坐式和蹲式两种。

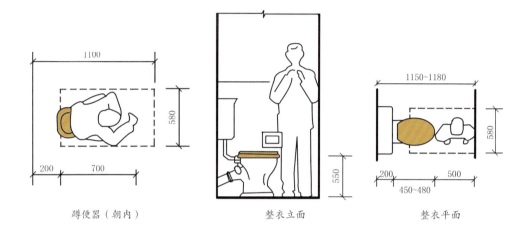

蹲便器（朝内）　　　整衣立面　　　整衣平面

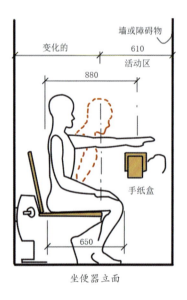

坐便器立面

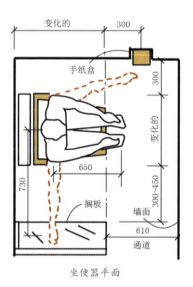

坐便器平面

 小贴士

1. 坐便器和蹲便器前端到障碍物的距离应大于450mm，以方便站立、坐下等动作。
2. 坐便器和蹲便器所需最小空间为800mm×1200mm。

③ 洗浴动作尺寸

洗浴时可以采用淋浴或者浴盆，这两种洗浴动作尺寸动作域相差较大，选择时应该根据主人习惯、卫浴空间大小来合理利用其动作尺寸。

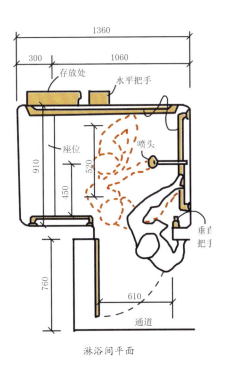

淋浴间平面

淋浴间立面1

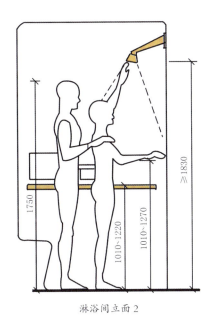

淋浴间立面2

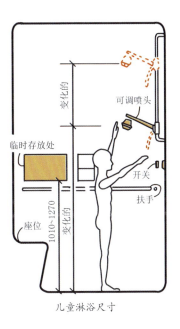

儿童淋浴尺寸

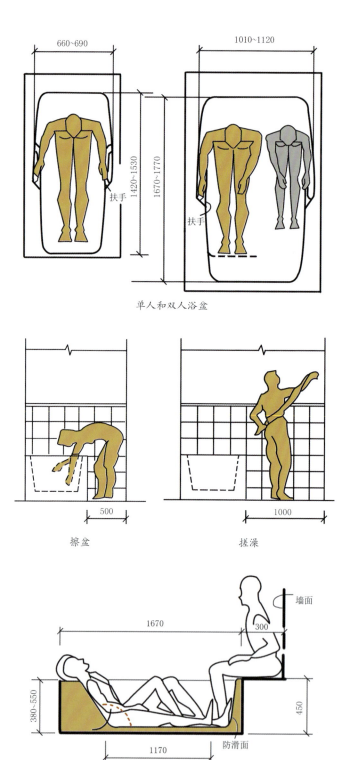

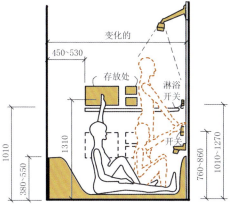

淋浴、浴盆立面

（2）卫浴空间中的设备尺度

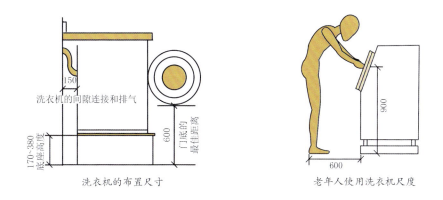

洗衣机的布置尺寸　　　　老年人使用洗衣机尺度

因为通常我们会选择在浴室中站着照镜子，所以浴镜的高度应根据家庭成员的高度进行调节，浴镜离地高度应保持在1300mm左右，镜子中心保持在离地1600~1650mm比较好。

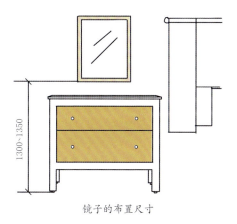

镜子的布置尺寸

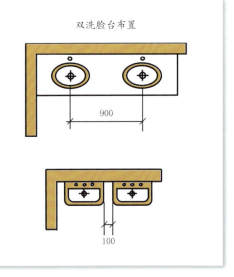

双洗脸台布置

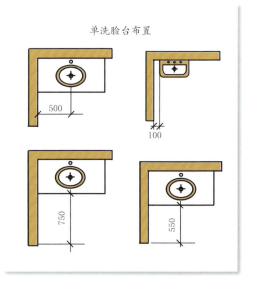

单洗脸台布置

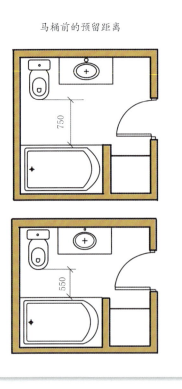

马桶前的预留距离

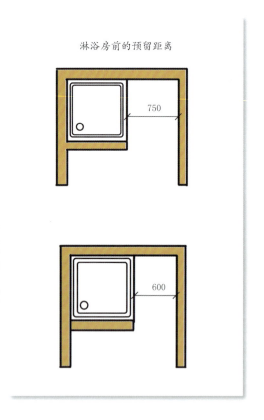

淋浴房前的预留距离

注：左右两肘撑开的宽度为760mm，因此坐便器、蹲便器、洗脸盆中心线到障碍物的距离不应小于450mm。

5. 卫浴空间环境设计与人的关系

（1）卫浴空间光环境

卫生间内若仅有短暂的行为活动如解小便、洗手等，50~75lx 照度比较适宜，由于经常开关的缘故，最好选用白炽灯作为照明形式。当有洗浴、解大便等行为时，照度以 100~150lx 为宜。

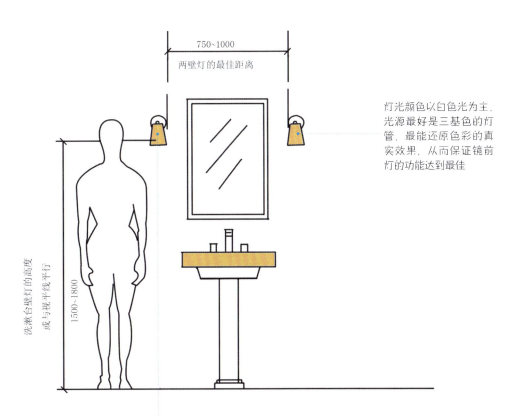

将镜前灯安装在梳妆镜的两侧，光线可以相辅相成，防止脸部出现阴影

 **小贴士**

安装将照明、加热和换气等功能融为一体的风暖浴霸，不仅可以提供平时活动所需的照明，还可以更安全地在潮湿的地方运作。

（2）卫浴空间色彩

总体上说，卫生间的色彩要求使人愉快，能激发美感和振奋精神，因此设计应该以单纯、明快，具有清洁和温暖感为原则。颜色以清淡为好，白色是卫浴间最常见的颜色，从清洁的角度出发，也应该使用淡色。清晰单纯的色调，辅以颜色相近、图案简单的地板，可以使得整个卫浴空间视野开阔、暖意倍增，使整个环境达到开阔、轻松、明快、清爽的效果。

（3）卫浴空间声环境

传统卫生间中经常会产生各种类型的声音，据测试，换气扇运行时的声音在55dB左右，洗衣机为60~80dB，电吹风最高时超过了80dB。又如下水管的下水声音、冲厕的声音基本都超过了45dB，同时会在短短的几分钟甚至几秒内突然起伏变化。这种声音虽然声压级不大，不会对人体的听觉器官造成直接的影响，但是这种噪声会持续出现，长时间发展对人体的伤害很大。

（4）卫浴空间热环境

住宅卫生间的热环境设计一直是困扰着设计师的一个大问题。夏天上厕所时热得大汗淋漓，冬天上厕所时冷得瑟瑟发抖，给人们的使用带来了很大的负面影响。北方家庭因为有系统的暖气供应系统，冬天的使用影响要小得多，但是，夏天的使用依然困扰着人们。调查研究表明，最适合人们居住的室内温度为25℃，当室内温度低于18℃或者高于28℃时就会影响到室内的舒适度。

思考与巩固

1. 卫浴空间涉及哪些功能？
2. 卫浴空间的布置形式有几种？各自具有什么优缺点？
3. 卫浴空间中有哪些洁具设备，尺寸关系是怎样的？
4. 台盆的高度设置在多少比较适宜？

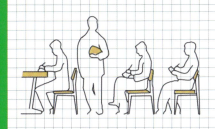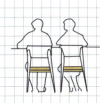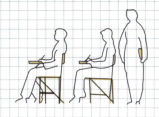

第三章

办公空间设计

由于城市化进程的加快，使得办公和商业建筑都焕发着时代色彩，与时俱进。但与此同时，办公和商业空间的设计原则是不变的，那就是以人为本，通过对人的生理和心理的进一步认识来营造更舒适的工作、休闲、娱乐空间。

扫码下载本章课件

一、办公空间的类型和功能分区

学习目标	本小节重点讲解办公空间的类型和布局。
学习重点	掌握办公空间的分类和布局方法,了解不同类型的使用人群对室内设计的影响。

1. 办公建筑的类型

办公建筑的类型主要由使用对象和业务特点决定。不同的使用对象具有不同的业务组织形式、功能布置规律和运行管理方式,在建筑形式上呈现出不同的空间及形态特征,形成不同类型的办公建筑。

商务办公
☆定义:以出租或者出售为主要经营方式,从而获取商业和经济利益的办公建筑类型。
☆特点:办公建筑的类型、形态多样化;办公单元的组织形式比较灵活,辅助设施相对集约。

总部办公
☆定义:总部办公通常是指企业为满足其总部办公功能而建造或设置的办公场所,通常体现为独栋或一组建筑,有其相对独立的办公环境。
☆特点:总部办公作为企业的中枢,具有功能需求复杂、有针对性和特殊办公空间较多、注重公司内部交流活动与工作效率、注重体现企业文化和企业形象等特点。

政务办公
☆定义:是党政机关、人民团体开展行政业务、公众服务或者党务、事务活动的办公建筑。
☆特点:政务办公具有较强的服务性;按照工作性质可划分为内部办公和对外服务,对外服务以受理业务为目标,呈现大开间的样式,以多个部门联合的方式展开工作;面积的确定是由使用单位的行政级别和编制人数决定的。

公寓式办公
☆定义:不同于一般办公建筑类型,公寓式办公是把办公与居住进行一体化设计,在平面单元内复合了办公功能与居住功能,主要满足小型公司与家庭办公的特点与需求。
☆特点:由统一物业管理,单元内设有办公空间、会客空间、卧室、厨房和厕所等房间的办公楼。公寓式办公楼在满足办公需求的同时,保证生活的基本舒适度。

2. 办公空间的功能分区

办公建筑按照各类房间的功能性质可分为办公业务用房、公共用房、服务用房和附属设施四个部分。

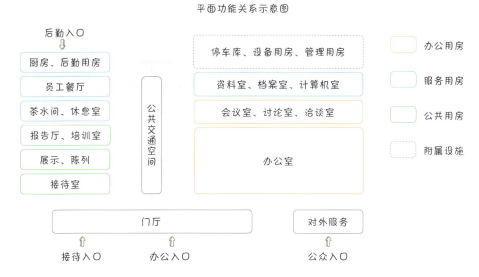

平面功能关系示意图

（1）办公用房

办共用房是办公人员开展日常工作所需要的房间，包括办公室、会议室、洽谈室等，是办公建筑的基本功能用房。它的布局形式应该取决于办公楼本身的使用特点、管理体制、结构形式等。

（2）公共用房

公用用房是办公楼内外人际交往或内部人员聚会、展示等的用房，如：接待室、阅览厅、展示厅、报告厅、各类培训室等。

（3）服务用房

服务用房是为办公楼提供资料及信息的收集、编制、交流、储存等，以及为员工提供生活服务等的用房，如资料室、档案室、计算机室、员工餐厅、茶水间等功能房间。

（4）附属设施用房

附属设施用房是为办公楼内工作人员提供生活及环境设施的用房，如：管理用房、设备用房（配电室、工具间、空调机房等）以及停车库等。

思考与巩固

1. 办公建筑有哪些类型？
2. 办公空间的功能是怎么分类的？

二、办公区设计

学习目标	本小节重点讲解办公区的布局方式和家具的布置原则。
学习重点	掌握办公区的空间类型,并可以熟练运用各类家具的尺寸来布置办公区。

办公建筑室内设计的重点,根据使用对象、使用性质、管理方式的不同,其办公区的组合方式、布局形式以及家具形式也不同。

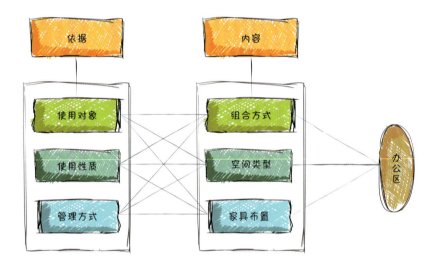

1. 办公区的组合方式

(1)单外廊

单外廊是走廊一侧是房间,另一侧为窗户或者半开敞区,这种房间组合形式保证了办公区充足的采光,通风性能也很好,但是空间利用率相对比较低。

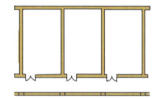

(2)内走道

内走道的组合方式是走道两侧都为办公房间。内走道的形式比较经济,可以一条走道服务两侧,但是走道内部的采光不是很好,部分地段需要人工照明辅助。走道过长时,还需要做机械排风。

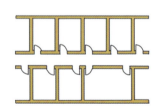

（3）双走道

双走道的布局形式适用于大型高层建筑，可以通过垂直方向上的中心的核心筒和平面方向上的走道相互连接来组织人流。

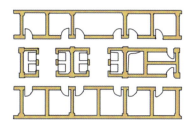

（4）回廊

回廊是指在建筑内部设置有天井，房间沿着走道、围绕天井布置的一种形式。这种方式可以在建筑深度过大、无法保证采光的情况下采用，既引入了光线，也增加了室内的趣味感。

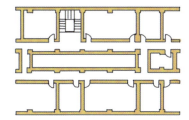

（5）成片式

成片式没有明确的走廊与房间的区分，是开敞式办公的良好选择，其间的布置可以根据实际需求进行空间分割，较为灵活自由。

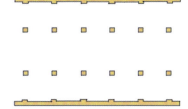

（6）混合式

混合式的组合方式可以满足多种功能的需要，为人们提供了多种选择。既有可以进行小型会议的房间，又有可以互相商讨、娱乐休闲的开敞区域。

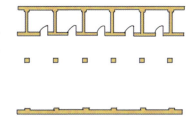

 小贴士

从安全疏散和利于通行的角度考虑，单侧设房间的走道净宽应大于1300mm，双侧设房间的走道净宽应大于1600mm，走道净高不应低于2100mm。

2. 办公区的空间类型

通常来说，办公空间的空间类型有单间式、单元式、开放式和混合式四种基本的类型。

（1）单间式

定义：一般指在走道的一侧或两侧并列布置、内部空间单一、服务设施共用的单间办公形式。适用于工作性质独立性强、人员较少的办公用途。若机构规模较大，也可以把若干个小单间结合，构成较大的办公区域。

特点：空间独立，环境安静，相互干扰少；单间式布置根据管理方式和私密性要求，可分为封闭、透明和半透明等隔断方式。不足之处是空间处于封闭状态，部门之间的联系不够密切，也不够方便。

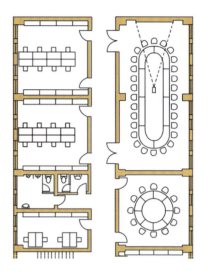

（2）单元式

定义：由接待、办公、卫生间或生活起居室（厨房、卧室）等组成的独立式办公空间。适用于人员较少、组织机构完整、独立的SOHO型或者公寓型办公。

特点：机构相对独立，内部空间紧凑，功能较为多样；设备、能源消耗可独立控制和计量；有统一的物业管理，便于租售；代表一种自由、弹性的工作方式。

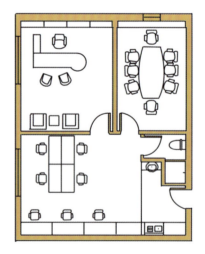

（3）开放式

定义：把多个部门或者较大的部门置于一个大空间中，周边配置公共服务设施，隔断灵活的办公空间形式。这种形式起源于19世纪末，由于工业革命后经营管理的需要，要求工作人员加强联系，提高生产效率，所以这种布置形式应运而生。适用于人员较多、工作内容相互联系的部门。

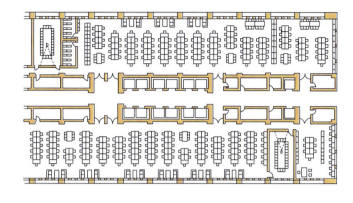

特点：空间宽大，视线良好，人与人之间交流更加顺畅；可以按照各部门具体的工作情况来布置家具，灵活多样；可以和室外形成良好的互动，从而创建景观式办公室。

（4）混合式

定义：由开放式、单间式组合而成的办公空间，适用于组织机构完整、管理层次清晰的办公形式。

特点：分区明确，管理层和非管理层之间区分开来，干扰较少，提高效率；组合方式灵活多变，可根据具体情况调整；整体空间大，比较宽敞，视野良好，是现在较为主流的布置形式。

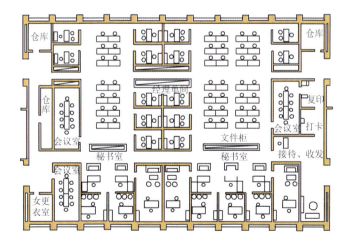

> **小贴士**
>
> 为保证室内具有一个稳定的噪声水平，建议大空间办公区内不少于80人。通常大空间办公区的进深可在10m左右，面积宜不小于400m²。

3. 办公区的家具布置

（1）家具的布置方式

办公区的家具主要包括办公桌、办公椅、文件柜等，同时还配有书架、会议桌、演示用的投影设施、复印机和各种喝茶、休息等用的外围设备。家具的配置、规格和组合方式由使用对象、工作性质、设计标准、空间条件等因素决定。其中，办公桌椅的布置是办公室空间布局的主要内容。

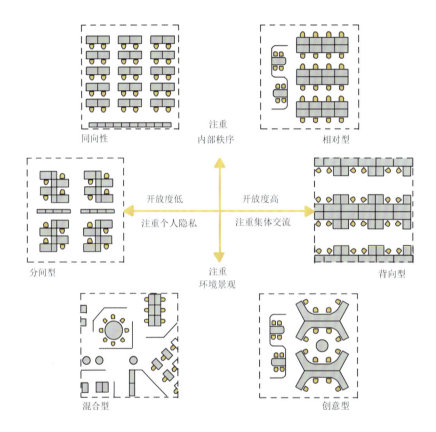

同向型：视线不会相对，不会让人感到不舒服，不易于交谈，因而可以保持相对安静的工作环境；工作人员行走的路线引导明确，没有遮挡。

相对型：工位面对面布置，有利于人们交流工作；电脑、打印机等办公设备布线、管理较为方便；由于视线直接相对，所以需要增设挡板。

分间型：每间之间的私密性程度较高，给人安全感；分间布置占用面积较大，空间利用率不高。

背向型：属于相对型和同向型的结合，因而兼具两者的特点，便于处理信息和提高效率。

混合型：属于灵活的布置形式，可根据使用情况、业主喜好来布置，能创造出多样化的空间形式。

创意性：桌椅布置为创意主题服务，以营造特殊的室内环境，达到展示企业文化、激发员工潜力、提高办公效率的目标，较多用于文化创意产业办公。

（2）家具尺寸

常用办公家具尺寸　　　　　　　　　　　单位：mm

种类	长	宽/深	高
办公桌 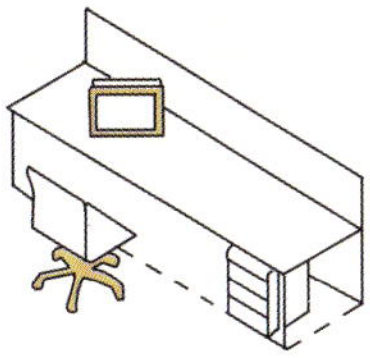	1200~1800	500~650	700~760
L型办公桌 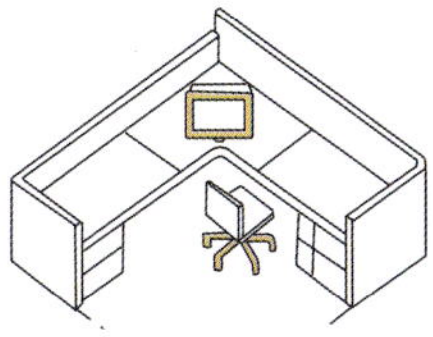	(1200~1800)×(1200~1800)	500~650	700~760
办公椅 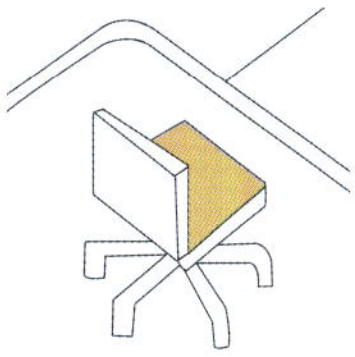	400~500	400~500	400~450
大班台 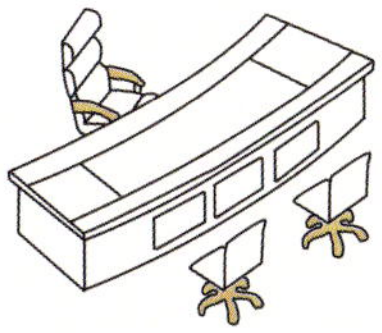	1800~2400	800~1100	700~760
期刊架 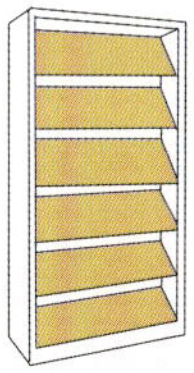	800~1200	350~450	1800~2100

(3) 办公区家具与人的尺寸关系

熟知办公家具与人的尺寸关系是进行办公区家具布置前最重要的准备工作之一，只有掌握了家具与人之间的尺寸关系，才能更好地放置家具，达到让人舒适的目的。

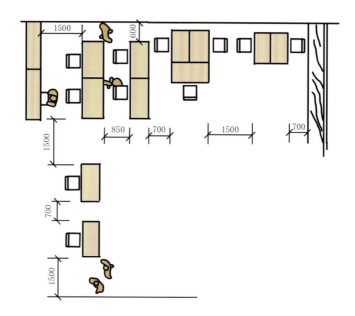

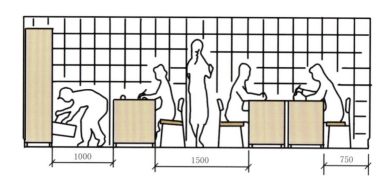

注：一般一个人的通行距离为520mm，因而在预留走道时，需要按照每股人流的通行间距≥520mm计算。

1. 工作单元家具与人的尺寸关系

根据办公楼等级标准的高低，办公室内人员的面积定额为 3.5~6.5m²/人，可根据上述定额在已有办公室内确定工作位置的数量（不含走廊面积）。

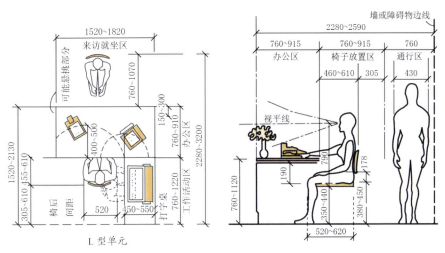

L 型单元

可通行的基本工作单元

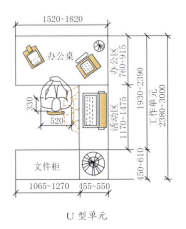

U 型单元

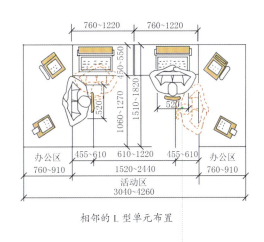

相邻的 L 型单元布置

椅子前后拉取的距离为 750~910mm，在沿墙布置时需要考虑椅子放置以及至少一人的通行距离在成排布置办公桌时,其核心要点是保证人有充足的就座空间,多人在同一排共同办公时,还要考虑人通行的距离。

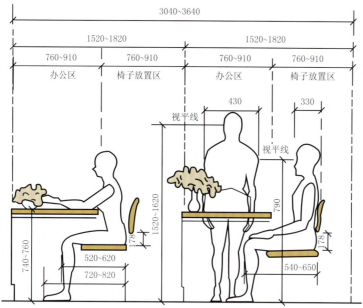

相邻工作单元(成排布置)

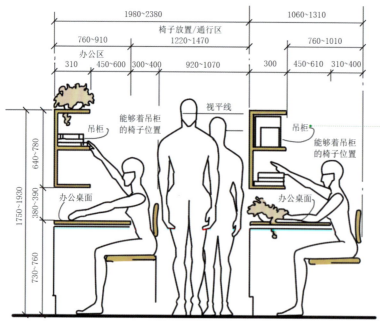

吊柜宽度要适宜,一般不超过330mm,否则会对办公面造成不良影响

设有吊柜的基本工作单元(成排布置)

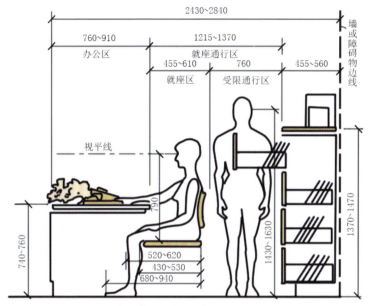

办公桌、文件柜和受限通行区

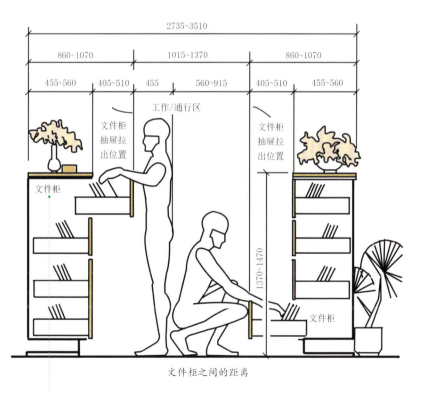

文件柜之间的距离

文件柜布置时不仅需要考虑人的通行间距,还要考虑人下蹲或弯腰拿取文件的活动尺寸。根据人下蹲姿势的不同,其宽度的尺寸范围为650~1300mm

第三章 办公空间设计

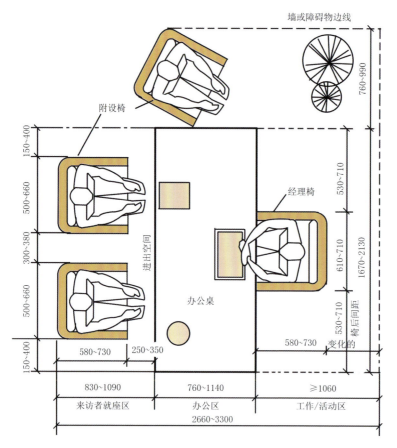

经理办公桌与来访者

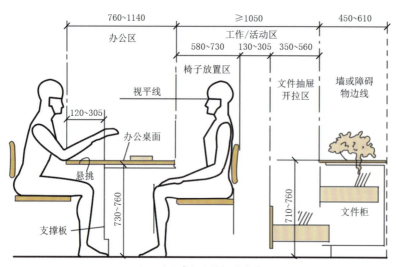

经理办公桌与文件柜的关系

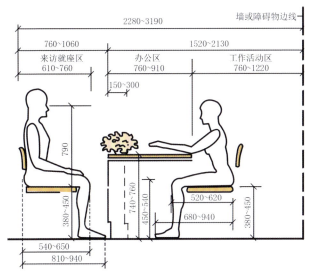

经理办公桌主要间距

2. 桌椅隔断与人的视线关系

办公桌面对面设计时,一般会在桌面上做一个小型隔断或者吊柜,这种方法是为了避免办公时人的视线直接相对,让人缺乏安全感,从而造成不必要的尴尬。

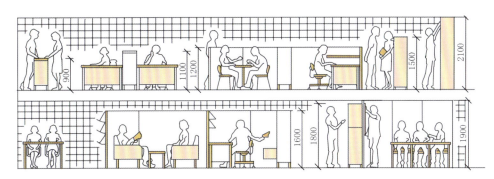

1100mm 坐着时无视觉障碍
1200mm 与坐着时的视点大致相同,若站立则无视觉障碍
1500mm 与站着时视点大致相同,环顾四周时压迫感小
1600mm 可视范围为与座位相适应的展示面和储物架
1800~2100mm 在视觉上遮蔽人的动作的同时,有意识地隔断来自外部的视线,以保护隐私

思考与巩固

1. 办公空间中功能房间的组织方式有哪些?空间类型有哪些?
2. 办公空间家具的布置方式有哪些?
3. 办公区域的隔断与人的视线的关系是怎样的?

三、会议区设计

学习目标	本小节重点讲解会议区的家具布置方式和家具尺寸。
学习重点	掌握会议区的布置方式要点，了解不同布置方式的使用场景。

会议区的平面布局主要是根据已有房间的大小、参会人员的数量以及会议的举行方式来确定，会议区中家具的布置、人们在会议区活动时的尺度关系是会议区室内设计的基础。

1. 家具的布置方式

会议区规模与布局

布局形式 \ 人数	8人左右	16人左右	32人左右
（矩形布局）	20m² / 4800×4200	40m² / 8400×4800	73m² / 10200×7200
（椭圆形布局）	20m² / 4800×4200	45m² / 8400×5400	65m² / 12000×5400

续表

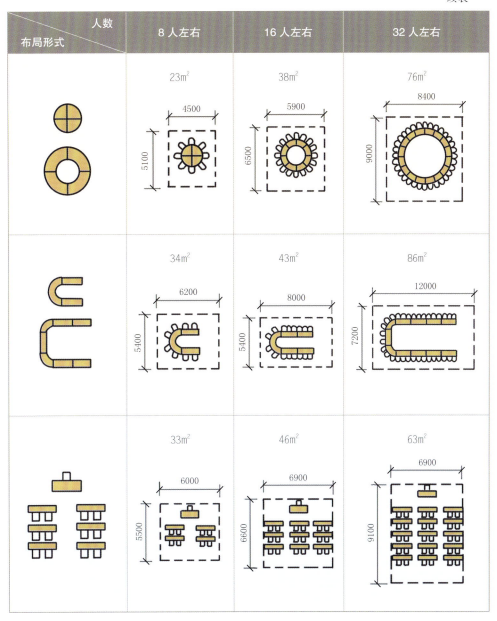

注：U 字型，适用于使用屏幕、黑板，有明确的讲解人的场合。

口字型，适用于会议的组织形式以研究、讨论、商谈为主的场合。

课堂型，适用于人数较多、以传达信息为主要目的、主讲地位明确的场合。

2. 会议区家具与人的尺寸关系

人们使用会议区家具时，近旁必要的活动空间和交往通行的尺度，是会议区家具布置的基本依据。

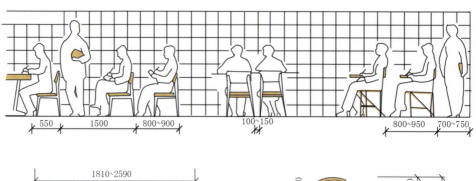

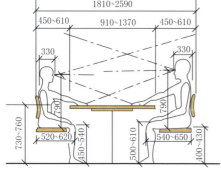

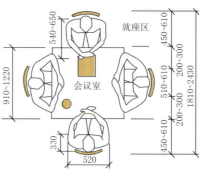

方形会议桌

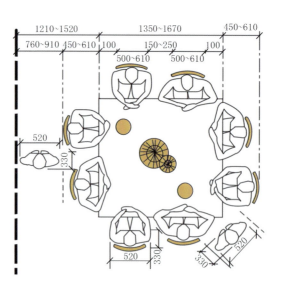

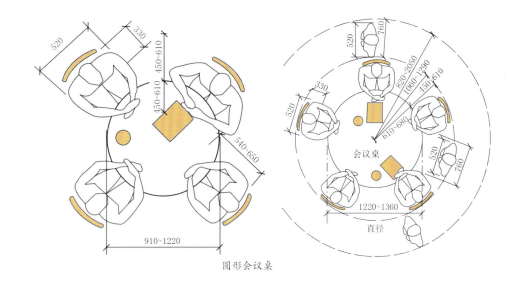

圆形会议桌

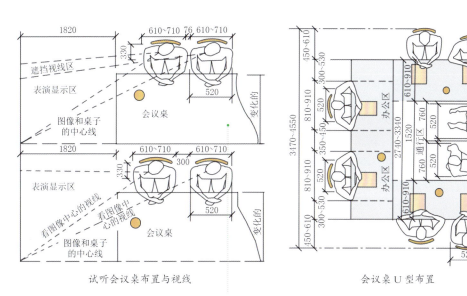

试听会议桌布置与视线

会议桌U型布置

宴会椅与后排会议桌的间距为600mm，保证人的正常通行，每列之间的距离是1500~1800mm

↑一般来说，1.8m会议桌摆设3把椅子，1.2m会议桌摆设2把椅子

思考与巩固

1. 会议区家具的布置方式有哪些？
2. 会议区的参会人数和桌子的关系是怎样的？

四、办公空间的环境设计与人的关系

学习目标	本小节重点讲解办公空间的光环境和色彩的设计方式。
学习重点	根据人的心理生理感受以及功能需要来布置办公空间的光环境和色彩界面的呈现，从而让工作环境更宜人。

1. 办公空间光环境

办公空间是各种办公设备操作、阅读书写、交流洽谈等作业相互交织的工作场所。因为办公时间基本都是白天，因此应该把天然采光作为主要方式，人工照明作为辅助进行设计，让整个办公环境照明形成舒适的光环境。一般的办公室照明灯具为荧光灯，荧光灯的布置最好按一定规则进行排列，尽可能做到与窗平行，以达到照度均匀、合理使用天然光的效果。

 小贴士

由于办公空间功能或者场所的不同，照度要求也是不相同的。因此应该按照照度的标准来进行照明环境设计。

办公空间室内照明的推荐照度

	不同功能的场所	平均照度 /lx
非经常使用的区域	暗环境的公共区域	20、30、50
	短暂逗留的区域	70~100
	不进行连续工作的空间	150~200
	视觉要求有限的区域	300~500
室内工作区一般照明	普通要求的办公作业区	750~1000
	高照明要求的办公区	1500~2000
精密视觉作业的附加照明	长时间精密作业区	3000~5000
	特别精密的视觉作业区	7500~10000

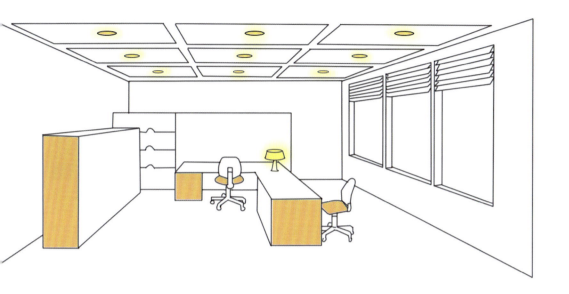

2. 办公空间色彩

（1）根据工作性质和功能设计色彩

策划、设计类办公空间应选择明亮、鲜艳、活泼的颜色，以激发工作人员的创意灵感。研究、行政类办公空间应选择淡雅、简练、稳重的颜色，以强调踏实严谨的工作环境。管理者办公空间是一个单位或公司做决定的高级管理人员所处的区域，需要一个相对安静沉稳的单人办公空间来做决策。

（2）根据采光程度设计色彩

阳光充足的办公室让人心情愉悦，但有些办公室背阴甚至没有窗户，会使工作人员感到阴冷，这时需要选择暖色系的色彩，增加室内的温度感，弥补采光的不足。有些办公空间光线又太强，室内暖光源偏多，这就需要搭配冷色系的色彩，协调室内色彩，以达到和谐的效果。

（3）根据工作面积设计色彩

传统的办公空间高大而空旷，让人有距离感，通常选用深棕色的木围墙，这类色彩有收缩空间的效果，拉近了与人的距离。现代的办公空间层高偏矮，如延续传统的深色会使空间显得压抑，因而墙面应选择淡雅的浅色,以达到扩大空间的效果,使办公空间显得宽敞、高大。

3. 办公空间声环境

(1) 声环境不舒适的危害

声环境是在办公空间室内设计中非常重要的一方面。人处在工作状态时,总是希望自己所在的空间是安静的。有研究表明,声环境不舒适的办公室可能会造成:

a. 人体内肾上腺素水平高,人们的压力变大;

b. 对人的健康和心理产生不利影响,比如产生头疼、焦躁、神经衰弱等症状;

c. 使人们的注意力分散,导致工作效率降低,同时在声环境不舒适的办公环境中助人行为也会减少,团队协作能力下降。

(2) 办公空间声环境标准

办公空间的噪声舒适标准:大空间开放型办公室小于50dB,小单间办公室小于35dB,设计室、制图室小于40dB。

绝对安静的环境也会引发人的孤独感,因而可以允许适当的噪声存在,降低人对声音的敏感度。因而办公空间可以不用一味地追求绝对安静,达到声环境的舒适化即可。

4. 办公空间热环境

办公空间一般采用的是中央空调,结合人体体感适宜的感觉,室温在25.5℃为宜。办公空间的湿度在70%左右最舒适。

思考与巩固

1. 办公室的照明设计和会议室的照明设计有什么区别?
2. 办公空间在进行色彩设计时要注意哪些问题?
3. 在进行办公空间室内设计时,可以通过什么途径减少噪声?

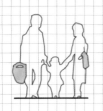

商业购物空间设计

第四章

商业购物空间是商品生产制造者和商品消费者之间的中介，是为满足消费者的需求，实现商品交易、娱乐休闲的一种公共空间环境。作为一种商业空间，吸引大量的消费者是其蓬勃发展的必要因素。为创造令人舒适的购物环境，就需要了解人的需求，进行相应的人性化设计，在这其中，人体工程学功不可没。

扫码下载本章课件

一、商业购物空间的分类和功能

学习目标	通过本小节的学习应知道商业购物空间的功能和基本分类。
学习重点	掌握商业购物空间的分类和功能,辨析不同销售形式对商业购物空间的影响。

1. 商业购物空间的分类

(1) 按规模分类

步行商业街 步行商业街是由步行通道及两侧众多商店组成的线型商业空间,其范围大,通常是城市或社区在做总体规划时首先予以考虑的对象,或在城市的发展变化过程中逐渐完善。步行商业街包括室外步行街、室内步行街、地下步行街。

百货商店 是指在一个建筑或多个建筑内经营若干大类商品,实行统一管理、分区销售以满足顾客多样化需求的场所。对于百货商店的室内设计来说,要特别注意由于功能复杂而衍生出的多种流线以及公共空间的艺术化处理。

超级市场 超级市场采取消费者自助的销售形式,向顾客提供以食品、日常生活用品为主的生活必需品。超级市场根据零售业态可分为便利店、社区超市、综合超市、大型超市、仓储会员店。

专业商店 专业商店是以经营某一大类商品为主,选址和营业面积都具有很大的灵活性,商品具有独特性,注重商品的多规格、多尺码。目前的发展趋势是大则全、小则精。

 小贴士

百货商店一般规模较大,建筑面积 5000m² 以下为小型,规模在 5000~20000m² 为中型,20000m² 以上为大型。

(2) 按销售形式分类

开架销售
以各类自选商场、超级市场为代表,基本上采用开架销售,顾客自由挑选商品后在出口处统一付款。

开架、闭架结合
这类商场目前以专业商店为主,经销的商品有珠宝、金银首饰以及药品等体积小、价值大、易损坏的商品。这种销售形式在货架设计时尽量通透,观看角度尽量大,保证光线充足,从而有助于衬托商品的价值及便于看清细部。

闭架销售
常见于大型的综合商场以及某些专业商店的某一部分,是比较合理的销售方式之一。这种方式对于系列化的产品较为有效,如某一品牌的服装及饰品。

不同业态的商业建筑营业面积率

营业形态	营业面积率	备注
百货商店	50%~60%	含卖场内部过道
超级市场	60%~65%	含卖场内部过道
集中专卖店	45%~55%	不含卖场内部过道

2. 商业购物空间的功能

商业购物空间一般由三个部分组成：营业、仓储、辅助。

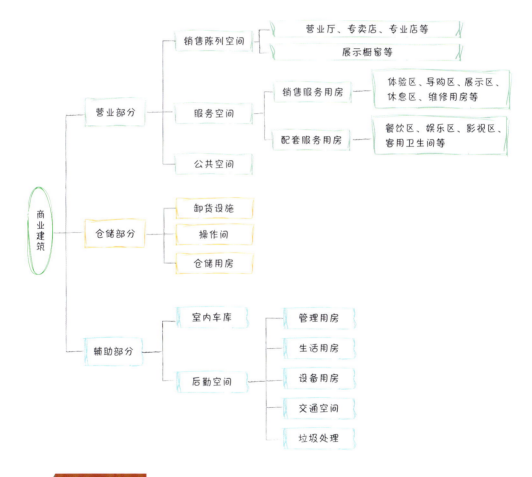

思考与巩固

1. 商业购物空间的分类都有哪些？
2. 辨析一下百货商店和步行商业街？

第四章　商业购物空间设计

二、商业购物空间的组合形式与流线设计

学习目标	通过本小节的学习应知道商业购物空间的组合形式以及流线设计的类型。
学习重点	掌握商业购物空间在组织三项功能时的基本形式。

1. 各项功能的平面组合形式

商业购物空间的平面组合形式主要是将营业部分、仓储部分、辅助部分三项合理组织，一般有六种组织手法。

▶ 点式

将仓储空间和辅助空间集中放置在建筑的某一点处，这样布置分区简单，功能指向性明确，不足之处是某些营业区域与其距离过远，动线较长。

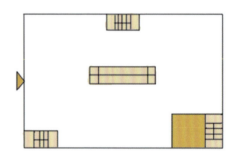

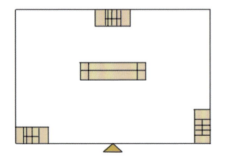

◀ 全开敞式

全开敞式是空间功能不做明显划分，可以由商家自行组织。这种形式一方面灵活性高，具有永续性，另一方面则会由于平面空间划分不当造成部分的功能分区混乱。

▶ **单独体量式**

　　单独体量式是将除营业部分之外的功能统一放在建筑的另一部分。这种方式和点式类似,功能分区较为明确,在垂直交通的流线组织上很合理。

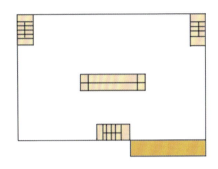

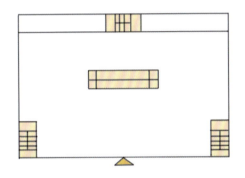

◀ **单边式**

　　单边式是将仓储空间和辅助空间集中放置在建筑的一个边上,这种方式是常见的布置手法之一。

▶ **周边式**

　　周边式是将仓储空间和辅助空间放置在建筑的相邻的两个边上,这种平面功能组织形式可以加大除营业功能之外的面积,为营业部分提供充足的流转空间以及管理人员。

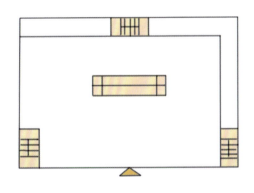

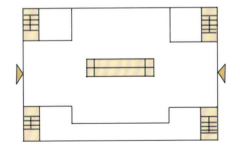

◀ **分散式**

　　分散式是将仓储空间和辅助空间根据需要零散地放置在周边的形式,这种平面布置形式有利于各个部分的相互联系,但如果划分不当也有可能会造成流线不清晰或者交叉的后果。

2. 营业空间的流线

（1）流线组织的作用

① 保证各种流线互不交叉干扰

由于购物空间多种流线运行其中，包含顾客购物流线、职工工作流线和商品运输流线等。这些流线既有自身运行的范围，又有相互交叉的部分，因此通过流线的组织设计将它们相互区别，使空间组织与人、物保持协调，保证人流、物流的分流方向，各自顺畅，不混淆。

② 划分商业空间

在购物中心内，流线组织的实质在于搭建一个划分商业空间的中心骨架，为顾客提供一个可供辨别和定位的明确的空间格局。搭建商业空间的中心骨架，要注意两个问题：第一，要保证流线的连续性和方向性；第二，要使各流线具有主次之分，这样才能够使顾客在商业空间中易于定位。

（2）流线组织的方式

① 格式

格式通道由两组平行线相交而产生正方格或长方格的空间范围，这种形式的水平交通空间，类似于传统的里坊式平面布局，购物中心中的小型专卖区多采用这种形式。

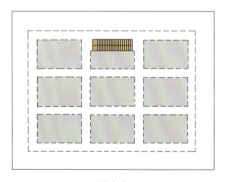

棋盘式

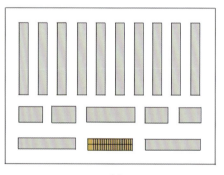

口琴式

② 自由式

是购物空间最常用的流线组织手法。

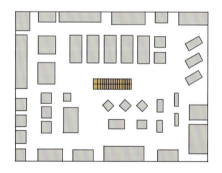

③ 辐射式

辐射式通道是从一个中心向外扩展,或者从外围集于一个点。这种形式的水平通道所带来的空间布置不够灵活,购物流线易形成回路。因此在运用时应注意尽量使流线连续,可以在节点和端头处理为"庭"空间,以形成迂回流线。

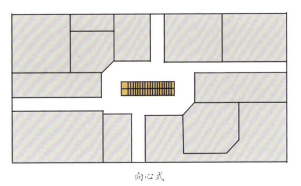

向心式

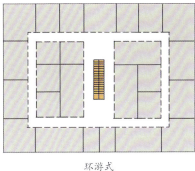

环游式

④ 线式

线状通道是构成交通空间体系的基本组合要素,形式上还可采用弧线式、直线式和折线式,可以互相交错、分叉或形成回路。这种图形应用在大多数购物中心的交通通道,有利于形成明朗的人流动线。

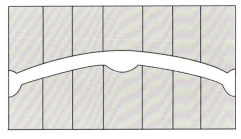

弧线式

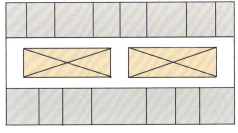

直线式

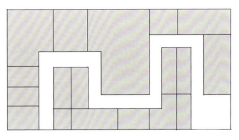

折线式

思考与巩固

1. 商业购物空间的功能都有哪些,具体是怎么组合的?
2. 在流线组织时要遵循什么原则?

三、商业购物空间的家具与人的尺寸关系

学习目标	通过本小节的学习应知道商业购物空间的常见家具以及与人的尺寸关系。
学习重点	掌握商业购物空间中人在其间的通行尺寸以及售货员和顾客拿取商品的最佳动作尺度的范围。

1. 家具尺寸

商业购物空间常见家具尺寸

单位：mm

家具		尺寸	数值
陈列柜		长	1200~1800
		宽	500~600
		高	800~1000
壁式陈列柜		长	900~1800
		宽	500~600
		高	1800~2000
陈列架		长	1000~1800
		宽	300~450（单面） 700~900（双面）
		高	1200~1800

续表

陈列台	长	1000~1500	
	宽	900~1200	
	高	950~1500	
挂衣架	长	600/900/1200	
	宽	450/600	
	高	950~1500	
收银台	长	1000~1800	
	宽	500~600	
	高	900~1200	
休息椅	座宽	1100~1800	
	座深	400~450	
	座高	350~400	
休息凳	座宽	1100~2100	
	座深	350~500（单面） 600~1000（双面）	
	座高	350~400	

第四章 商业购物空间设计

2. 柜台、货架的常见布置方式

（1）柜台设计的原则

实用性：要符合商品陈列的尺度要求，同人体尺寸、活动范围有机结合，便于顾客观看、存取、挑选。

灵活性：布置时要具有弹性，能适应不同主题变化而更换布置形式。

安全性：安全性包含两个部分，一是保证贵重商品不易滑落、晃动，二是保证顾客的安全。

（2）柜台的形式

▶ **高柜台**

高柜台一般放置金银首饰和手表等，通常长度为 1000~2000mm，高度为 760~1000mm，使用的材料多为胶合玻璃，从而提供清晰的展示环境。

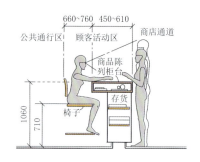

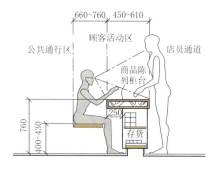

◀ **低柜台**

低柜台通常长度为 1000~2000mm，高度为 700~860mm，一般设计成双层玻璃柜，化妆品通常会采用这种柜台来展示商品。

▶ **经典柜台**

一般经典柜台长度为 1000~2000mm，选取柜台布置时要注意使用是否方便以及造型是否丰富。

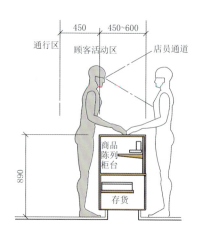

（3）柜台、货架的常见布置方式

柜台在布置时应使顾客的流线顺畅，便于浏览、选购商品，柜台和货架合理的设置也可以使营业员便于拿取，提高工作效率。

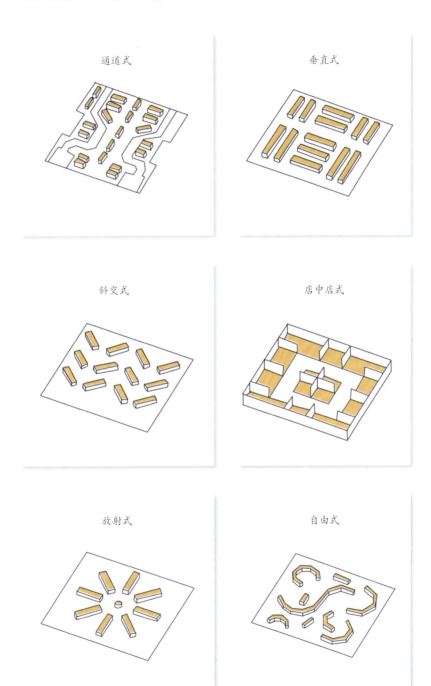

通道式　　　　　垂直式

斜交式　　　　　店中店式

放射式　　　　　自由式

周边式

周边式带散仓

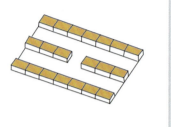

半岛式

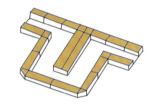

单柱导式

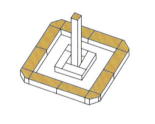

双柱导式

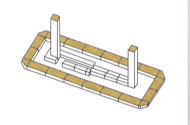

半开敞式

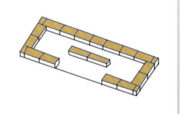

开敞式

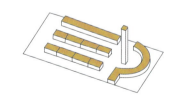

综合式

3. 购物空间家具与人的关系

（1）购物空间人的活动尺度

通道的宽度要考虑顾客购物、观看货柜和货架里的商品、行走活动的需要，还要考虑商品数量、品质和种类。按顾客在柜台前空间距离为400mm，每股人流宽550mm，两边都有货柜时，其通道宽度 W，顾客股数 N，则

$$W = 2 \times 400 + 550 \times N \text{（mm）}$$

一般人流量为 2~4 股，通道宽约 1900~3000mm。

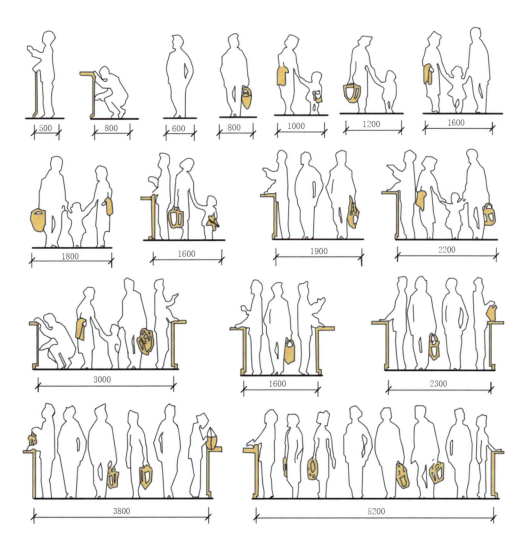

(2) 家具与人的尺寸关系

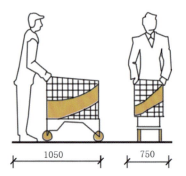
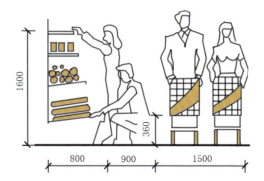
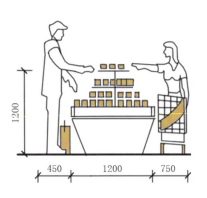
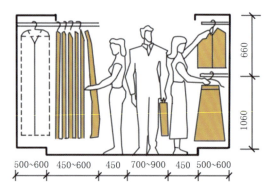
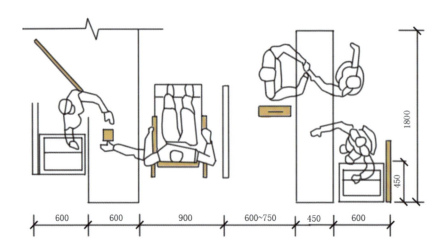

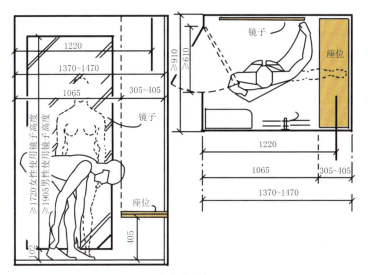

试衣间尺寸

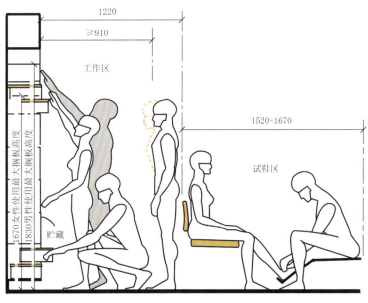

试鞋尺寸

思考与巩固

1. 商业购物空间中常见的家具有哪些？其尺寸区间是怎样的？
2. 人在商业购物空间的活动尺度是怎样的？走廊的宽度设置在多少可以满足人的通行？

第四章 商业购物空间设计

四、商业购物空间环境设计与人的关系

学习目标	通过本小节的学习需要了解商业购物空间的室内环境是如何设计的。
学习重点	掌握商业购物空间的光环境以及色彩设计的基本原则。

1. 商业购物空间光环境

商业购物空间除了较少数采用自然采光外,大部分的商店通常采用人工照明的方式。在布置时需要遵循以下两点原则。

满足基本照度:购物空间的照明为满足通行、购物的需要,通常把光源较为均匀地设置在顶棚上,或者有节奏地布置在墙壁两侧,一般选用荧光灯间接照明的方式。

加强商品吸引力:为了让商品更有展示性,可采用重点照明的方式,形成了重点展示区域,从而让顾客有视觉的集中点,增强购买力。

2. 商业购物空间色彩

商业购物空间设计时要避免头重脚轻。在进行商业空间设计的时候,应严格按照上浅下深原则进行,并将不同空间区分开来,给人以稳定、和谐之感。

3. 商业购物空间声环境

购物空间的声环境设计要注意到音乐的连续性和场所性,也就是说整个消费过程的音乐要有共同的特点。还要注意的是消费者对不同音乐出现的场所是有要求的,不能在高档的成衣层播放摇滚音乐,应该配轻音乐;童装层最好播放卡通片。注意把握不同的音乐可能带给消费者的情绪反应。

思考与巩固

1. 商业购物空间中灯光的布置原则有哪些?
2. 为了让商品更具吸引力,经常采用哪种照明方式?

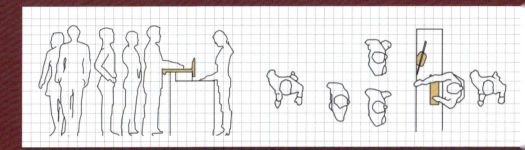

休闲娱乐空间设计　第五章

著名的哲学家亚里士多德说:"我们忙碌是为了能有休闲……休闲才是一切事物环绕的核心。"这佐证了休闲娱乐活动的重要性。休闲娱乐活动具体是指工作之外的随意松弛的状态,它包括娱乐、运动、休息和交流等可以自主选择的活动,是人们享受生活的本质的过程,其空间形式伴随着社会发展而不断更迭。

扫码下载本章课件

一、文艺娱乐空间设计

学习目标	通过本小节的学习了解文艺娱乐空间的常见类型,知晓在设计时人和空间的交互作用。
学习重点	需要了解文艺娱乐空间各自的功能分区和布局,掌握人在文娱空间中的尺度关系。

链接

　　文艺娱乐空间是以文化和表演艺术娱乐活动为主要内容的娱乐场所,具有代表性的便是 KTV 和歌舞厅。

1. KTV

　　KTV 是 Karaoke Television 的简写,从狭义的理解是提供卡拉 OK 影音设备与视唱空间的场所。广义理解为提供酒水服务的主营业时间为夜间的娱乐场所。KTV 也可以说是一个小型的唱吧,可以跳舞、唱歌以及饮酒,对于小型聚会是良好的选择。

(1) KTV 的功能和分类

 KTV 的功能

　　KTV 的功能主要由三个部分组成:入口、包厢、辅助区域。

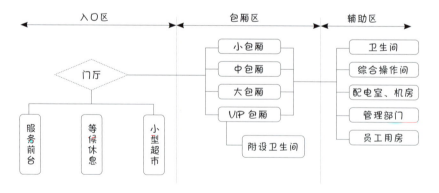

　　KTV 包厢用房一般占总面积的 40%~70%,交通面积占 15%~20%,其余为辅助面积。

② KTV 的分类

KTV 从服务形式上可以划分为量贩式 KTV 和商务式 KTV。

◆ 量贩式 KTV

定义：一般规模较大，拥有几十个甚至上百个大大小小的包厢，营业时间长，以各种聚会为主要的消费场景。采用以量定价的经营方式，自助点歌，强调薄利多销。室内装修以现代风格居多。

服务对象：多层次人群。

特色：附设有便利超市。

◆ 商务式 KTV

定义：是集娱乐、休闲和商务洽谈于一体的休闲场所，规模要比量贩式 KTV 小，包厢数量也少，但是包厢面积较大。

服务对象：多为商务消费人群。

特色：设有酒吧、桌球室、棋牌室等附属娱乐空间。

 小贴士

> KTV 的分类不同，其走廊的设计是有所不同的。
> 量贩式 KTV 的主要走廊宽度在 2.4m 左右，次通道宽度在双面布房时以 1.8m 为宜，单面布房时不得小于 1.5m。且走道布置应以直线为主，强调导向性，不宜过于复杂。
> 商务式 KTV 的主要走廊宽度为 1.8m，次通道宽度为 1.5m，不得小于 1.3m。在规划走廊时可利用中间的过渡部分做一些装饰、陈设，营造良好的气氛。

（2）KTV 包厢的布局

▶ 小包厢与中包厢

小包厢与中包厢的房间布局基本相同，只是面积大小有所差别。

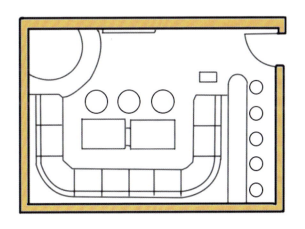

▶ **大包厢**

大包厢相对于小、中包厢面积较大,因而布局上比较具有灵活性,可在满足各项活动要求的基础上增设一个卫生间。

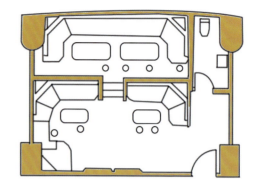

◀ **商务包厢**

商务包厢整体来说面积较大,家具的放置形式比较随意,可以做出个性化、艺术化的效果。包厢内部可以设置吧台、小舞池、卫生间等。

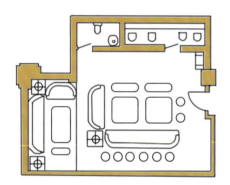

小贴士

为保证包厢空间良好的声音效果,其空间形状以长方形较为合理,尽量遵循"黄金分割法"(长:宽:高=1.618:1:0.618),即使做不到黄金比例,也要保证长宽高不能呈现整数比,且尽量不采用弧形墙面。

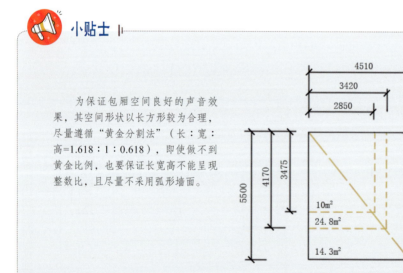

（3）KTV 家具与人的尺寸关系

① 家具尺寸

KTV 常见的家具主要为沙发、茶几、点歌台。

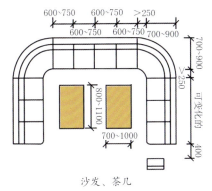

沙发、茶几

↑沙发高度 380~420mm，茶几高度 540~580mm

点歌台

沙发	尺寸范围 /mm	茶几	尺寸范围 /mm
W	—	W_2	800~1100
D	700~900	D_2	700~1000
H	600~750		

② KTV 中人的活动尺度

为了处理好顾客和 KTV 空间之间的关系，在设计时必须考虑通行和服务走道的宽度、包厢桌椅和人舞动时的预留空间等。

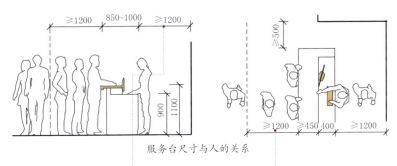

服务台尺寸与人的关系

为保证营业人员充足的活动空间，服务台邻近墙设置时，与墙之间的间距≥1200mm

服务台前的顾客的通行空间的宽度需≥1200mm

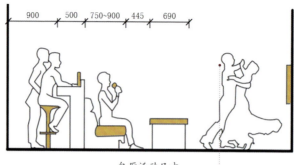

包厢活动尺寸

舞池部分要与包厢大小及容纳人数保持一致。如容纳2~4人的包厢，舞池一般为1m²或者1.5m²的方形平台或者池面即可，能容纳10人以上的大型包厢的舞池面积应该相应增加

③ KTV 包厢中人的视线

KTV 包厢根据房间的大小以及空间分割的形式，可以设置一台或者多台显示屏以呈现出不同的效果。中小包厢一般是一台显示屏，大包厢或者商务包厢会部分使用两个显示屏。

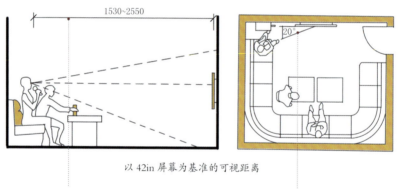

以 42in 屏幕为基准的可视距离

人与显示屏之间的距离约为屏幕高度的 3~5 倍，这样观看较为舒适

座位两端与电视的夹角不宜小于 20°

↑ 包厢沙发不宜过宽，一般为 1600~2400mm。沙发的转角半径不宜小于 250mm，沙发与点歌台之间的距离不宜小于 400mm

屏幕尺寸与最佳可视距离的关系表

标准屏幅 /in	实际屏幅 /in	最佳视距 /mm
42	41	1530~2500
46	45	1680~2800
50	49	1830~3050
60	59	2200~3670

注：1in=25.4mm。

（4）KTV 环境设计与人的关系

① KTV 光与色彩

使用多种特色灯具： 可采用蜂巢灯、帕灯、频闪灯、走珠灯、霓虹灯等灯具来烘托 KTV 动感的气氛。

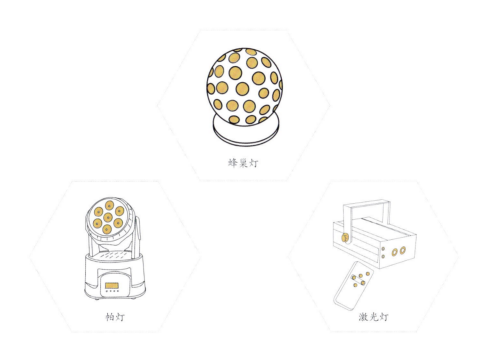

蜂巢灯

帕灯　　　激光灯

主色明确： 包厢内色调颜色的应用面积比例以主色：辅色：点缀色=6：3：1为宜，从而保证整体色彩的统一性，且尽量选择低饱和度的色彩。

注意色光比例： 白光和色光的使用比例尽量控制在7：3，同时还要注意材料的色彩与色光混合后的冷暖和浑浊效果。

② KTV 声环境

包厢中混响的强弱和时间长短在包厢设计中显得极为重要，包厢的最佳混响时间通常在0.5~1s 之间。若时间过长，则声音嘈杂不清，严重影响声音的清晰度；时间过短，声音就会显得单薄，没有厚重感。

③ KTV 热环境

KTV 因面积大又分隔成若干个房间，若采用分体空调，室内和外墙都不好看，所以大部分都选用中央空调。中央空调可满足制冷、制热，新风系统保证室内通风换气需求，所以可以将中央空调和中央新风系统自由组合，其面积不受限制，均适用。

2. 歌舞厅

歌舞厅是将舞厅、酒吧的功能相结合，为人们提供文艺表演、酒水食品的娱乐性场所。

（1）歌舞厅的布局

① 以吧台为中心

这种布置手法常见于慢摇吧，以吧台为核心，周边为座席区，消费者在自己的座位处进行舞蹈活动。

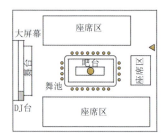

② 以舞池为中心

是最常见的歌舞厅布置形式，以舞池为整个空间布置的重点，座席区和吧台分置在舞池周围。

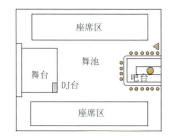

（2）舞池布局

① 舞池规模

舞池的规模应能供 50~60 人共舞，最小不宜少于 30 人，大型的歌舞池可供 100 人共舞。舞池内每人占有面积一般不小于 $0.8m^2$，两人共舞则按照 $1.5~2m^2$ 计算。

不同规模歌舞池面积

规模	舞池个数	舞池面积 /m^2
大型	可设 2 个以上，其中 1 个为主	100
中型	可设 2 个，其中 1 个为主	40~50
小型	1 个	20~30

② 舞池形状

舞池的形状比较灵活，可以根据不同的场地做出不同的改变，其布置的中心原则是保证向心性。

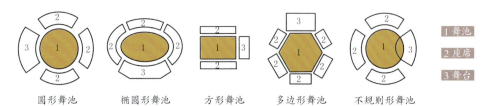

圆形舞池　　椭圆形舞池　　方形舞池　　多边形舞池　　不规则形舞池

(3) 歌舞厅环境设计与人的关系

① 歌舞厅光环境

可调性：歌舞厅的灯光设计追求的是装饰性和艺术性，期望营造动感、梦幻、时尚、浪漫的氛围，为达到这个目的，其灯光需要有很强的灵活性，因而要设置可调节的灯光设备。

适宜的照度：歌舞厅可分为不同的功能区，每个分区的照度都有不同的标准。

照明系统照度标准下限参考值

区域	测试点距地高度 /m	测试项目	照度标准下限 /lx
舞台	1.5	垂直照度	100[①] 150[②] 600[③]
舞池	0.75	水平照度	20
座席区	0.75	水平照度	5
公共通道区	0.25	水平照度	10

注：1. ① 最远观众席到表演区中心距离小于8m；
　　　② 最远观众席到表演区中心距离大于8m；
　　　③ 专业歌舞厅的舞台中心照度。
2. 自娱区在实际使用时可以调暗，歌舞厅的舞池照度大于6lx。

② 歌舞厅色彩

歌舞厅的色彩一般取决于光色，人工照明和色彩本身的有机结合是营造歌舞厅浪漫、时尚氛围的一大因素。

③ 歌舞厅声环境

合理运用吸声材料：听者后面的墙应该设置高度吸声的材料，有利于防止声音过大，听者前面的墙则不应设置高度吸声材料，以保证足够的反射性能。

优化音响设备位置：DJ台前的主扩声音箱要放置在前方和两侧，主低音音箱通常放在DJ台的下方。根据歌舞厅的大小还可以布置补音音箱，给观众带来更好的音质体验。

④ 歌舞厅热环境

歌舞厅的热环境一般是依靠空调和机械通风调节。

> **思考与巩固**
>
> 1. KTV有哪些种类，其主要功能是怎样的？
> 2. KTV中常见的家具有哪些，它在整个空间中和人是怎样的关系？
> 3. 歌舞厅舞池和座席区的布局方式都有哪些？

二、生活休闲空间设计

学习目标	通过本小节的学习应知道生活休闲空间的定义和分类,知晓设计时如何将人体工程学融入其中。
学习重点	了解洗浴中心和美容美发空间的分类及功能,掌握人在生活休闲空间内的各项活动尺寸。

链接

　　生活休闲型空间是指以满足人们日常工作之余放松身心需求的娱乐活动为主要内容的娱乐场所。如洗浴中心、美容美发厅等。

1. 洗浴中心

　　洗浴中心是提供洗浴服务,并且集休闲、餐饮、娱乐等多种功能于一体的建筑。洗浴中心可以单独成为一个建筑,也可以作为酒店的康乐部分。

(1) 分类

　　洗浴中心按照建筑规模和档次大致可分为大型洗浴城、中型洗浴中心以及大众浴室三类。

洗浴中心分类

	大型洗浴城	中型洗浴中心	大众浴室
建设规模	10000m² 左右	3000m² 左右	500m² 左右
功能设施	功能齐全,以特色洗浴方式(如温泉或日式、欧式等)为主,同时具有健身、娱乐、住宿及会谈功能	以洗浴功能为主,并伴有健身、娱乐功能	仅有洗浴功能
建成形态	通常以独立建筑为主,建筑个性突出,特点鲜明	独立或者依附于其他建筑	独立建造,多分布在社区中
服务对象	度假、商业活动	较为大众化的消费	收入偏低人群

（2）洗浴中心的功能分区

① 更衣区

更衣区的规模大小与使用的人数有关，其种类大致可分为普通更衣室、二次更衣室、桑拿和游泳等空间的附属更衣室。

一般存衣柜可以按照最高服务人数的80%~90%计算，存衣柜日周转次数可以按照4次计，每人需要0.2~0.8个存衣柜，休闲活动功能多的衣柜数量取最高值，这样才能满足消费者在高峰时的使用需求。

② 洗浴区

◆ 池浴

池浴的浴池设有热水池和温水池，大型的洗浴中心还设有冷水池，通常与此相邻布置。不同的类型，尺寸是不同的。

浴池类型及特点

类型	浴池平面尺寸/mm	浴池深/mm	同时使用人数	温度/℃
热水池	2500×2500	900	6~8	40~42
温水池	2500×4000	900	10~15	35~40
冷水池	2500×2500	900	5~8	8~13
儿童池	2000×2000	900	5~8	35

注：池子的面积可根据使用人数进行增减。

◆ 淋浴

淋浴部分应该围绕浴池，尽量不与热水池和温水池相邻，淋浴部分靠墙布置，一般采用隔断，面积大时还可以设置推拉隔断门。

◆ 坐浴

坐浴应放置在浴池周围，也可以和淋浴结合布置，在设置时要考虑通行的要求，保证足够的宽度。

③ 按摩区

洗浴中心的按摩区域可各自形成桑拿部分和按摩部分，大型洗浴城接待客人较多时，可设计两间温度不同的桑拿房，满足客人在高峰时不同的需要。大型洗浴城在按摩区一般设置成按摩房间，床位可以按照休息大厅的 1/3 左右考虑。

桑拿与按摩特点

	功能特点	空间特点	配套设施
桑拿	独立或和冷水浴池相邻布置，满足两者反复交替使用	桑拿房根据容纳人数确定空间尺度，大型洗浴中心桑拿房可根据实际情况定制	多人及多个桑拿房在相邻位置配备设备间 8~15m²
按摩	独立设置或者和休息区相邻设置	分为大型按摩厅、单人间、VIP包房，尺度较小，具有亲切感	应该配置按摩师休息室

（3）洗浴中心的家具与人的尺寸关系

① 家具尺寸

洗浴中心的常见家具有储物柜、搓澡床、搓澡凳。

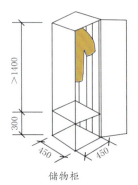

储物柜

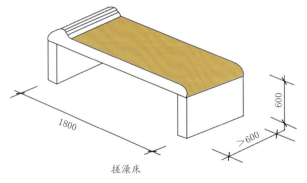

搓澡床

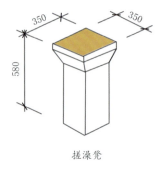

搓澡凳

↑ 以上尺寸为参考的常见尺寸，可根据实际情况增减

② 洗浴中心人的活动尺度

◆ 人的更衣尺寸

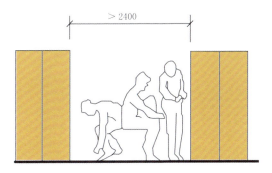

◆ 人的盥洗尺寸

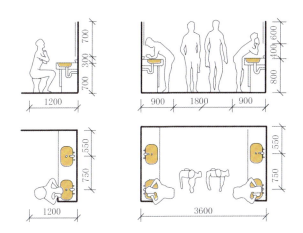

◆ 人的淋浴尺寸

淋浴间隔断的标准尺寸为900mm×1200mm×1950mm，若面积不够，可采用极限布置，尺寸为900mm×900mm×1950mm。

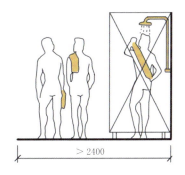

◆ 搓澡尺寸

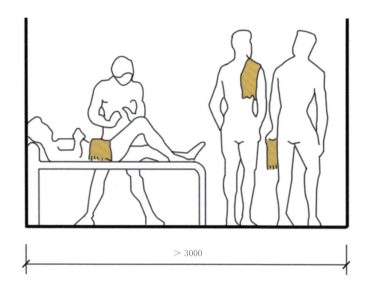

◆ 坐浴尺寸

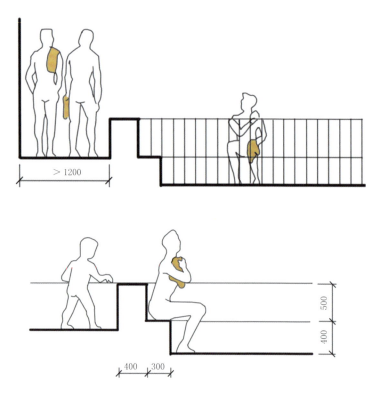

◆ 人在桑拿、按摩间的尺寸

　　桑拿及按摩会因人数和方式的不同影响床位的尺寸规格，在设计时也应注意按摩房间一般希望较为安静、干扰小，尽量避免按摩之外的人通过。由于人流量小，通道不必过宽，满足防火疏散的要求即可。

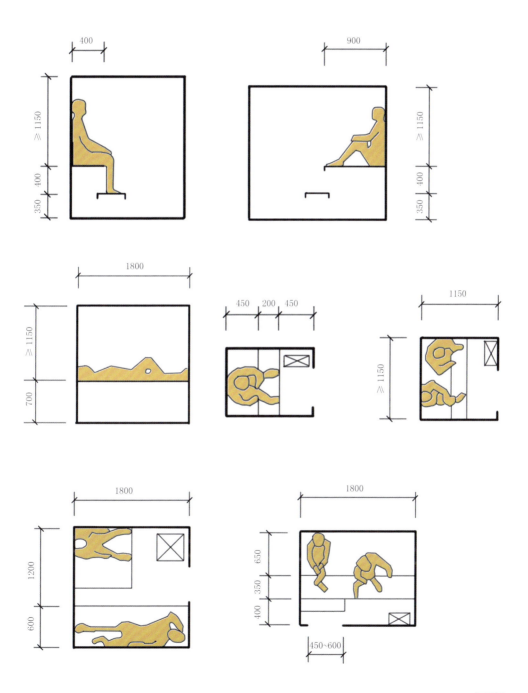

2. 美容美发场所

美容美发场所是为人们提供发型设计、修剪造型、发质养护和烫染、美容护理、皮肤保健等内容的服务性场所。

（1）功能

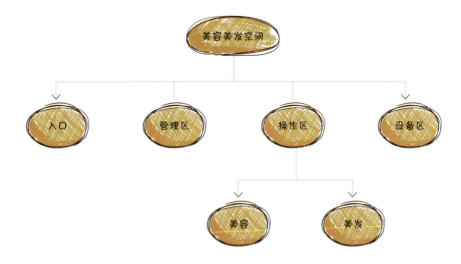

入口：入口空间主要由接待、等候、展示、美甲等部分组成，为顾客提供一个短暂的等候场所。

管理区：管理区主要是工作人员的办公场所，具有办公部分和会议部分，专业一点的美容场所还具有实验室。

操作区：是美容美发空间的核心区域，是主要的营业场所。

设备区：主要是一些辅助性功能，如消毒、仓库等。

（2）分类

美容美发场所分类及特点

类型	特点
发廊式小型美容美发店	规模小、消费低、经营模式单一的普通美容美发场所
会员制美容美发店	单体规模大、服务项目多、服务高端
休闲式综合美容美体中心	依托商业服务配套，主要包含美容美发、减肥、健身、桑拿等项目

续表

类型	特点
专业化美容美发店	依靠科技产品、设备仪器，采用专业化、精致化的服务
家庭式美容美发店	设在写字楼、住宅小区，采用预约制，并提供精品服务的小规模美容美发店
多元化经营美容美发店	与内衣店、健康食品销售店、时装店、首饰店等结合
各种附设的美容美发店	为酒店、健身房等场所提供配套休闲服务

（3）美容美发区家具与人的尺寸关系

① 家具尺寸

美容美发空间的常见家具主要有洗发椅、理发椅、美甲桌、美容椅等。这类家具兼具功能性和舒适性，具有良好的体验。

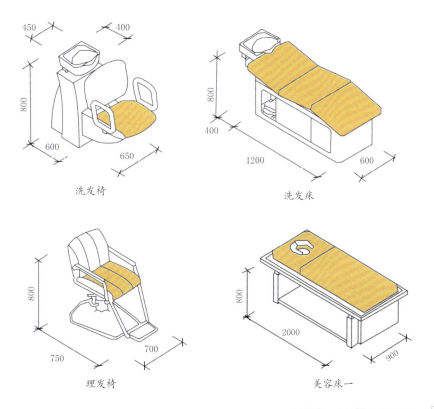

洗发椅　　　洗发床

理发椅　　　美容床一

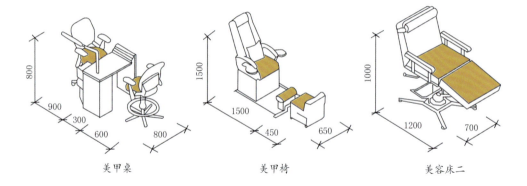

美甲桌	美甲椅	美容床二

② 人体活动的关系

◆ 美容区域的尺寸关系

美妆区	手部美甲	脚部美甲

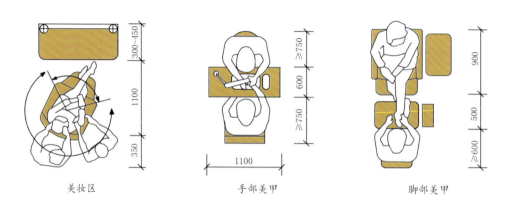

美容与美体布置示意	美容美体基本单元尺度示意
1 美容床 2 美容师座位 3 工具车 4 盥洗池 5 操作台 6 活动美容设备	

注：大型固定设备通常设有独立的区域或房间。

◆ 美发区域的尺寸关系

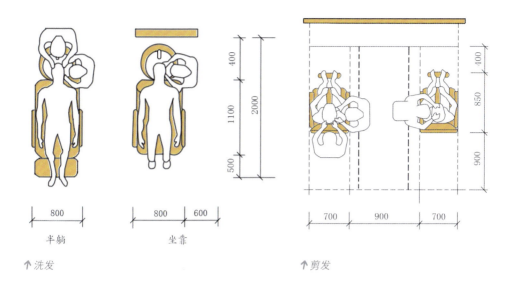

↑ 洗发　　　　　　　　　　　　　↑ 剪发

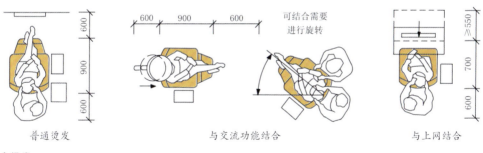

↑ 烫发

思考与巩固

1. 洗浴中心有哪些种类，其主要功能有哪些？
2. 洗浴中心中常见的家具有哪些，它具有怎样的尺寸关系？
3. 人在洗浴中心中的活动尺寸的种类有哪些？
4. 人在美容美发空间中的活动尺寸是怎样的？

第五章　休闲娱乐空间设计

三、体育健身空间设计

学习目标	通过本小节的学习了解体育健身空间的尺寸。
学习重点	掌握体育健身空间的人体活动尺度。

1. 体育健身空间常见人体尺度

在体育健身空间设计时,要充分考虑人在空间中的活动范围和机械尺寸,确定合适的房间尺度。下面便是健身时一些常见的人体尺度。

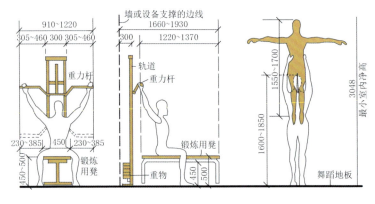

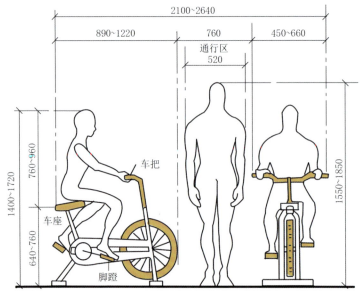

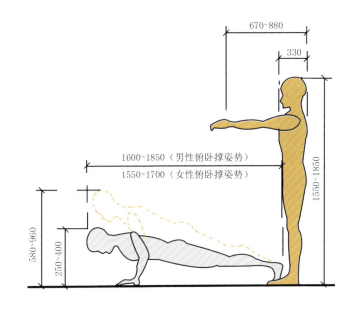

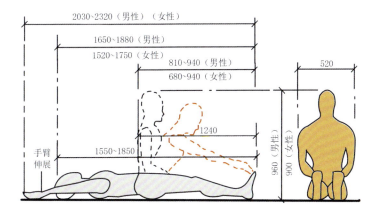

2. 体育健身空间其他区域设计

（1）运动区域

跑道区域：24.36m×12.19m
垫上运动区域：15.24m×12.19m
小型练习器材区：10.34m×7.32m

（2）更衣区域

更衣柜的数量为注册成员的 20% 或最少设置 100 个衣柜。
更衣区域的长凳长度为 0.91~3.66m，长凳两边应预留出允许通行的 0.76~0.91m 的走道。

3. 体育健身空间环境设计与人的关系

（1）体育健身空间光环境

健身房的灯光设计，光源的选择整体上要比较接近自然光，给人一种安全、温暖的感觉。色温在 4000K 最佳，最好多利用二次照明，通过光线的反射手法达到照亮整个室内空间的效果。

（2）体育健身空间色彩

健身空间需要通过色彩营造一种积极向上的感觉，因而在健身区域经常选用黄色、红色、绿色等轻快、明亮、让人兴奋的颜色。而在休息区域则会选用蓝色，能使人快速安静下来，给人明朗、清爽、洁净的感觉。

（3）体育健身空间声环境

健身房应该有效地控制音量极大的音乐声，这种声音属于高强噪声，最根本的措施是将噪声控制在安全标准以下，即 70dB 以下。

（4）体育健身空间热环境

按照国家标准，室内健身场馆相对湿度应在 40%~80% 之间，采暖地区的室温应该 ≥ 16℃，风速 ≤ 0.5m/s，二氧化碳浓度 ≤ 0.15%。

思考与巩固

1. 体育健身空间中人的活动尺度关系是怎样的？
2. 更衣区域的柜子数量该如何设置才能满足人的需要？

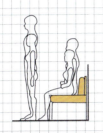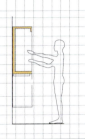

酒店空间设计

第六章

酒店是为客人提供住宿和休闲娱乐等服务的公共建筑或场所，常以环境舒适、服务周到、方便快捷见长。对室内设计来说，只有打造出优美的环境才能带给旅客舒适的体验，因而酒店的设计要注重以人为本，争取给人安静自在的体验。

扫码下载本章课件

一、酒店的功能空间

学习目标	通过本小节的学习需了解酒店各功能区的布置方式和面积指标。
学习重点	重点掌握酒店各个功能空间布置时人在其中的尺度关系。

1. 酒店的功能分区

酒店不论类型、规模、等级如何，其内部功能均遵循分区明确、联系密切的原则，通常由客房部分、公共部分、后勤部分三大部分组成。

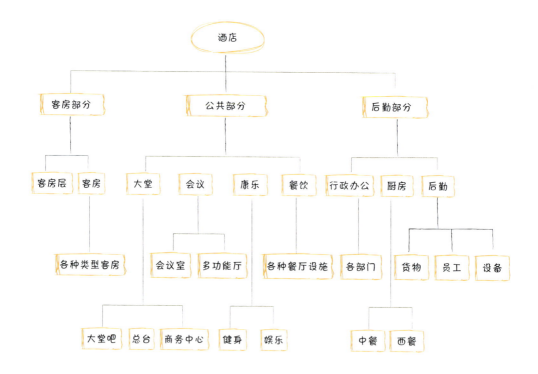

客房部分：主要为旅客提供住宿服务，客房内部可以根据不同的类型进行布置。

公共部分：公共部分主要是为旅客提供一些休闲娱乐、会议、餐饮等。

后勤部分：后勤部分是工作人员主要的活动场所，包括办公、后勤服务、工程设备等，它为其他功能的正常运转提供坚实后盾。后勤部分需要和客房部分及公共部分密切关联，以便于管理和服务。

2. 酒店各功能分区布置

(1) 大堂设计

酒店大堂通常是指酒店入口处的公共区域，又称为门厅，是联系酒店内外部的重要场所，是酒店空间的枢纽。因而，它在整个设计中的作用是独一无二的。

① 酒店大堂的面积指标

酒店大堂的面积取决于酒店的等级和类型。比如，会议型和度假型的酒店大堂面积会尽量做得大一些，以给人舒适宽广之感。

酒店大堂面积与类型的关系

酒店类型	经济型酒店		星级酒店				
	普通	舒适	一星	二星	三星	四星	五星
大堂规模 / (m²/间)	0.3~0.5	0.5~0.7	0.6	0.8	1.0	1.2	1.4

② 酒店大堂功能构成

酒店大堂一般包括大门、总服务台、休息区等空间，与室内设计密切相关的区域是总服务台和休息空间。

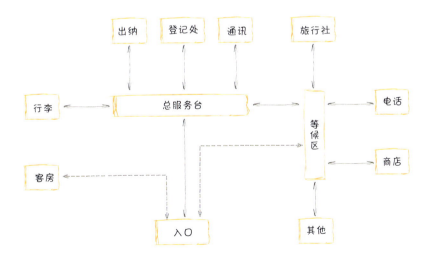

◆ 总服务台

总服务台又称前台，是酒店接待客人的地方，具有接待、登记、咨询、收银、保管等功能。一般来说，总服务台的位置需要醒目，对于旅客要方便寻找和办理手续，对于工作人员则容易兼顾大堂的部分。

- 服务台指标

服务台需要和酒店的规模相匹配才能发挥应有的作用,因此通常对其有一定的指标规定。

服务台与酒店规模的关系

酒店等级	总服务台长度/(m/间)	总服务台区域面积/(m^2/间)
一、二级	0.025	0.4
三级	0.03	0.6
四、五级	0.04	0.8

注:客房超过500间时,超出部分按照0.02m/间、0.01m^2/间计算。

- 典型服务台的布置形式

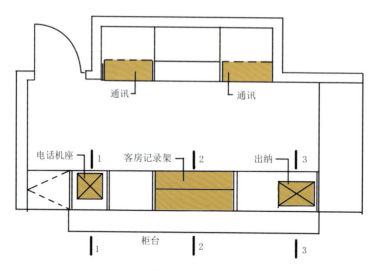

服务台与背景墙应有进深不小于1.5m的工作空间
总服务台前方一般不小于4m,以容纳办理业务的旅客

◆ 休息区

宾客休息区是为旅客提供休息场所的区域,由沙发、茶几、绿植、摆件等组成,面积约为大堂面积的8%~10%,有着调节和疏导人流的作用。通常布置在不受人流干扰的区域,不宜过于靠近大堂工作人员的区域,以保证一定的私密性。

（2）大堂家具与人的关系

酒店大堂空间的家具有服务台、等候沙发等，在设计时重点考虑大堂的功能与家具的联系，根据人与家具的尺寸和动作域做出合理的配置。

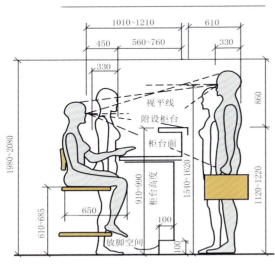

宾馆接待柜台与人的关系

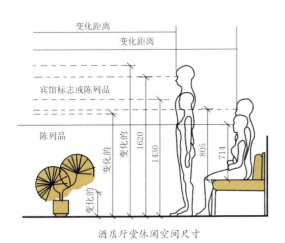

酒店厅堂休闲空间尺寸

邮件钥匙柜与人的关系

（3）客房层设计

酒店客房的主要类型有标准单间、标准双床房、行政套房、总统套房等，不同类型的酒店房型配置不同，一般的酒店只设标准间和少量套房，高星级的会设总统套房。

① 标准间

标准间是指需要在一个房间内满足人的基本住宿、盥洗需求的房间。标准间可以分为两种，一种是放一张双人床的大床间，另一种是放置两张单人床的双床间。

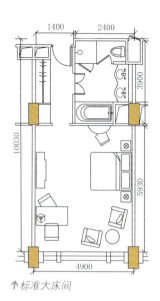

↑ 标准大床间

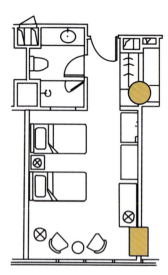

↑ 标准双床间

客房标准间类型参考

类型	睡眠区		卫生间		露台		合计面积	
	面宽×进深/m	面积/m²	长×宽/m	面积/m²	长×宽/m	面积/m²	面宽×进深/m	面积/m²
经济	3.3×4.5	14.85	1.8×1.5	2.70	—	—	3.3×6.0	19.80
舒适	3.6×5.1	18.36	1.8×2.1	3.78	—	—	3.3×7.2	25.92
中档	3.9×5.7	22.23	1.8×2.7	4.86	—	—	3.9×8.4	32.76
高档	4.2×6.0	25.20	2.1×2.7	5.67	—	—	4.2×8.7	36.54
豪华	4.5×6.6	29.70	2.4×3.4	8.16	—	—	4.5×10.0	45.00
度假	4.5×6.0	27.00	2.7×3.6	9.72	4.5×2.0	9.0	4.5×11.6	52.20
度假	5.0×6.0	30.00	3.8×4.0	15.20	5.0×2.0	10.0	5.0×12.0	60.00

注：表中面宽×进深、长×宽所示尺寸为墙中心线间距。

② 套间

套间是把起居、娱乐休闲、会客等功能和睡眠、盥洗、更衣等活动分开设置，面积约为普通标间的两到三倍。

③ 无障碍客房

无障碍客房是满足行动不便的人群需求的房间，无障碍客房数量一般是客房总数的1%，在可能的条件下需要和标准房连通，以方便陪护。

→ 洗手盆底部留有宽750mm、高650mm、深450mm 的空间供乘轮椅者膝部和足部活动
→ 坐便器两侧距地面700mm 处应设长度不小于700mm 的水平安全抓杆，另一侧应设高1400mm 的垂直安全抓杆

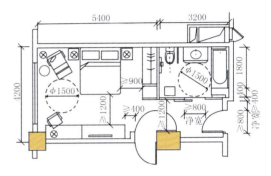

④ 总统套房

总统套房是最高级别的豪华套房，通常用于接待重要人物。总统套房一般设置在客房楼层的顶层，至少由4间标准客房组成，一般有会客室、餐厅、备餐间、书房、两个卧室、三个卫生间，面积不小于150m²。

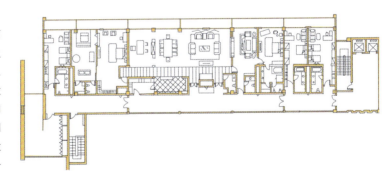

> **思考与巩固**
>
> 1. 大堂的面积和酒店规模的关系是怎样的？
> 2. 酒店大堂家具和人的尺寸关系是怎么样的？
> 3. 客房的主要类型有哪些？其中家具和人的尺寸有怎样的关系？

二、酒店空间环境设计与人的关系

学习目标	通过本小节的学习,应知道酒店环境设计时所需要知晓的原则,从而更好地为人服务。
学习重点	掌握酒店不同区域的照明设计方法。

1. 酒店空间光环境的设计原则

大堂入口应考虑到室内外过渡时的光环境,应该采用色温较高的光,如4000K节能灯,进入室内后则可降低为2800K,以有效避免室内外光温差异过大的问题。

现在客房普遍存在灯光较暗的现象,所以要把可调式照明系统或工作区的灯光系统的重点照明设计作为主要考虑的范畴。

2. 酒店空间色彩的设计原则

酒店入口大厅色彩是酒店整体风格的形象标志,一般通过热烈、亲切的色彩布置在第一时间给客人造成一定的视觉冲击,彰显其高贵典雅的气质。

客房作为主要休息区域,其色彩设计一般通过中性色或单色调搭配,营造出安静、舒适的感觉。

3. 酒店声环境

对于酒店空间中的大堂及公共空间要保证正常交谈不受影响,控制噪声在40~50dB,客房空间则要严格控制噪声在30~40dB,保证正常工作、休息、睡眠不受噪声的干扰。

4. 酒店热环境

现代酒店空间多数是密闭的空气环境,通过各种类型的空气系统进行人为调控,形成独特的室内热环境,在受室外的气候环境影响的基础上,主要是通过空调供暖设备和通风净化设备来改善室内的热环境。

> **思考与巩固**
>
> 1. 不同的区域对光环境有不同的要求,其中客房的照明有什么要求?
> 2. 酒店的大堂和客房在色彩设计时需要注意哪些问题?

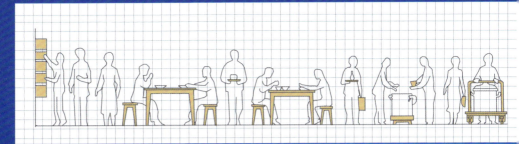

餐饮空间设计

第七章

近年来，经济的不断发展和人们生活水平的提高使得人们对餐饮的态度已经不同于往日，其中舒适的就餐环境便成为衡量优劣的标准之一。为了使餐饮空间的环境更加合理，更加符合人的较高层次的心理需要，设计师通常运用人体工程学的知识来进行设计。

扫码下载本章课件

一、餐饮空间的功能构成和类型

学习目标	通过本小节的学习应知道餐饮空间的分类和功能分区，对其有初步的印象。
学习重点	掌握餐饮空间不同类型的不同特点。

1. 餐饮空间光环境的设计原则

餐饮空间的功能由公共区域、用餐区域、厨房区域、辅助区域构成。

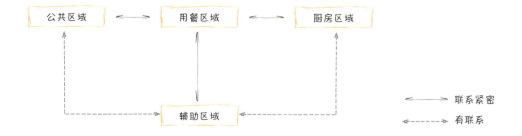

餐饮空间基本功能构成图

2. 餐饮空间的类型

餐饮空间是指即时加工制作、供应食品并为消费者提供就餐空间的场所，可以按照经营方式、饮食制作方式以及服务特点划分为餐馆、快餐店、饮品店、食堂等类型。而涉及室内设计的部分，常见的重点餐饮空间类型为餐馆、快餐店、饮品店。

（1）餐馆

餐馆的菜色一般具有相当的特色，主要是人们在取得温饱后，为满足心理或者社交的需要而用餐的场所。

① 功能流线分析

餐馆的流线主要分成两大类,一类是顾客的就餐流线,另一类是餐馆的工作人员流线。

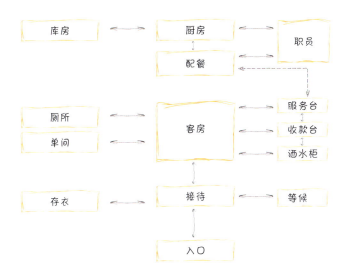

 小贴士

1. 为避免就餐流线和供应流线交叉,送菜和收碗碟的出入口也应该尽量分开。

2. 餐馆的面积标准一般为 $1.85m^2$/座,指标过小会造成拥挤,指标过宽会增加工作人员的劳动时间和精力。

② 空间特征

一般来说餐馆空间采用大厅式或者半开敞式,还会有包间存在。

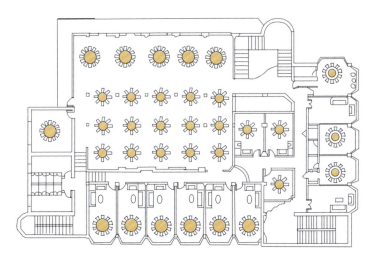

（2）快餐厅

是为了满足温饱或者由于时间、经济等原因而选择的用餐场所。

① 功能流线分析

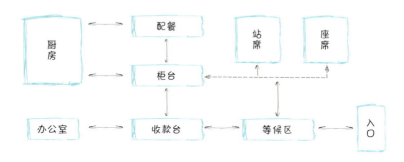

② 空间特征

就餐空间紧凑高效，室内装修简洁明快，连锁餐厅或加盟餐厅具备统一的室内设计风格。

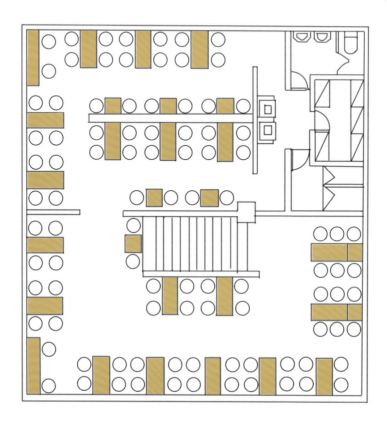

（3）咖啡厅

咖啡厅是一种公众性的休闲、娱乐场所，氛围较为轻松随意。

① 功能流线分析

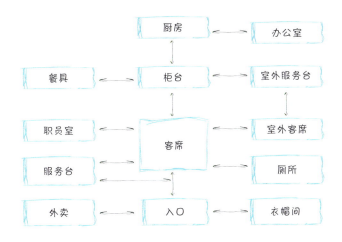

② 空间特征

与其他餐饮空间相比，咖啡厅更具灵活性、复合性，整个空间具有特色。

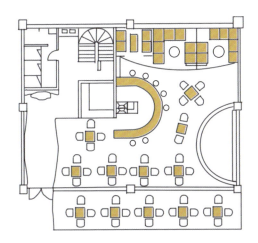

> **思考与巩固**
>
> 1. 餐饮空间的功能是怎样划分的？
> 2. 餐饮空间都有哪些类型？各自具有什么特点？

二、餐饮空间的家具布置与人的关系

学习目标	通过本小节的学习需要了解餐饮空间中家具和人的尺度关系。
学习重点	掌握餐饮空间家具的布置形式和人的活动尺度。

1. 餐厅家具尺寸

了解餐厅常用的家具尺寸是进行餐饮空间室内设计的基础,它是决定餐厅桌椅放置方式的基本原则。

(1)矩形桌

餐厅常见矩形桌子尺寸

单位:mm

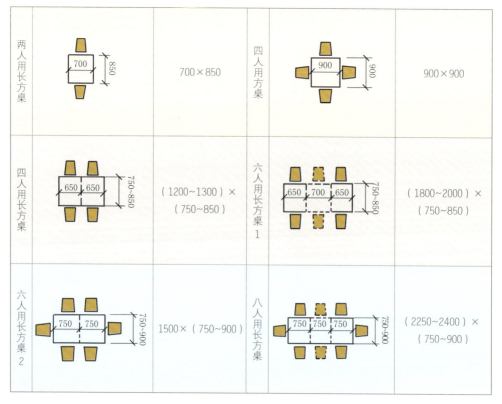

（2）圆桌

餐厅常见圆桌尺寸

单位：mm

2~4人用圆桌	(图)	700~950	5人用圆桌	(图)	900~1150
6人用圆桌	(图)	1100~1300	7人用圆桌	(图)	1200~1500
8人用圆桌	(图)	1300~1700	9人用圆桌	(图)	1400~1900

（3）服务台

餐厅常见服务台尺寸

单位：mm

顾客和工作人员均站着使用	(图)	顾客台面高	1050~1100	备注：下方可以设储藏柜
		工作人员台面高	850	
顾客和工作人员均坐着使用	(图)	顾客台面高	720~750	
		工作人员台面高	720~750	
顾客站着，工作人员坐着使用的	(图)	顾客台面高	1050~1100	备注：要考虑到足够的膝盖空间
		工作人员台面高	720~750	

2. 家具的布置形式

餐饮空间家具的布置应该按照餐饮空间的规模、餐桌的数量和形状来合理配置，从而使得顾客能有舒适的就餐空间。

（1）餐桌布置的基本形式

形式		特点	示例
开放式	陈列式	餐桌成行列式布置	
	组团式	餐桌成组成团	
	自由式	餐桌自由排列，平面丰富多变	
半开放式		大面积开放，以隔断等分割空间，不完全封闭	
封闭式		独立于大堂的单独封闭小房间，安静不吵闹	

（2）餐桌布置的尺寸关系

靠墙边餐桌布置

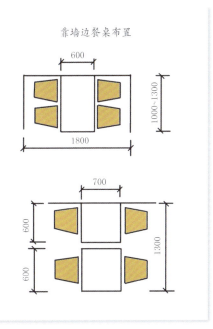

圆形屏风隔断餐桌布置最小尺寸

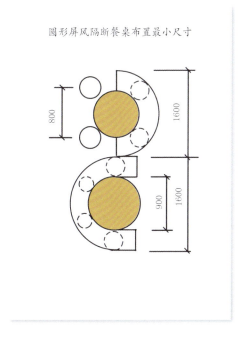

长方形桌相邻布置最小尺寸

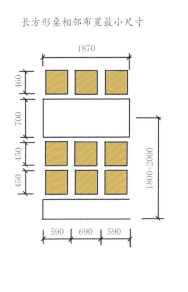

圆形桌相邻布置最小尺寸

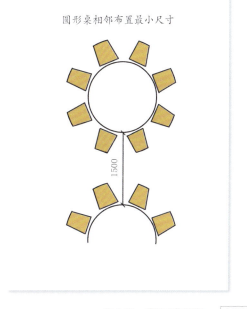

方形桌平行布置

方形桌对角布置

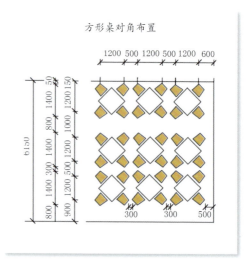

靠墙有椅子的布置方式

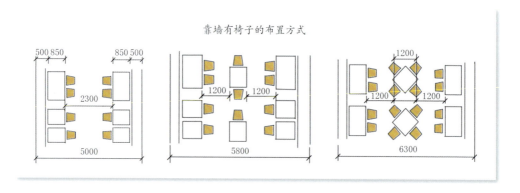

吧台桌椅布置

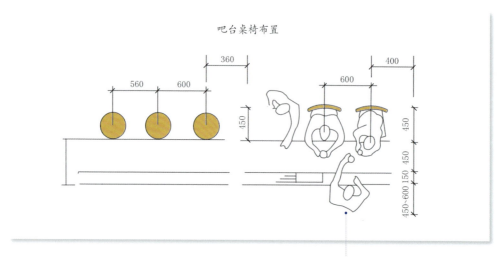

一个服务员可为12个客人服务，所以吧台长度以600~750mm为一个单位

3. 家具与人的关系

餐厅桌椅在选取和布置时，要充分考虑到座椅表面和餐桌地面之间给人体大腿和膝盖的预留空间，让其更符合人体工程学的原则。

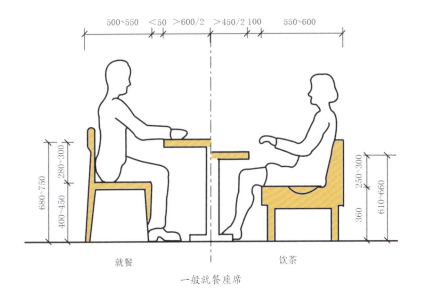

一般就餐座席

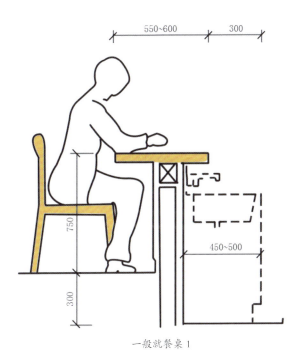

一般就餐桌 1

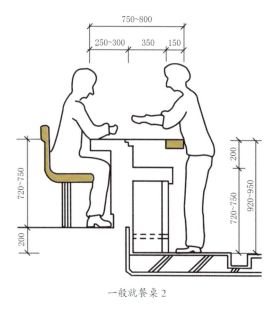

一般就餐桌2

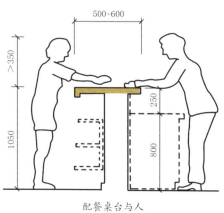

配餐桌台与人

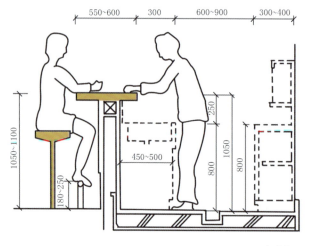

吧台桌与人

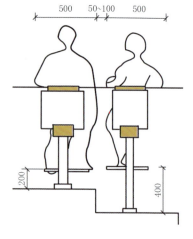

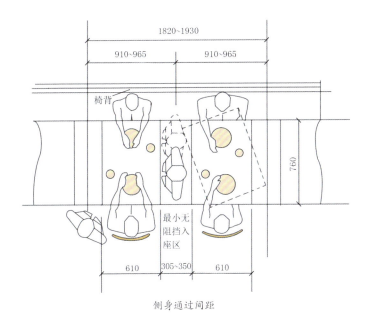

侧身通过间距

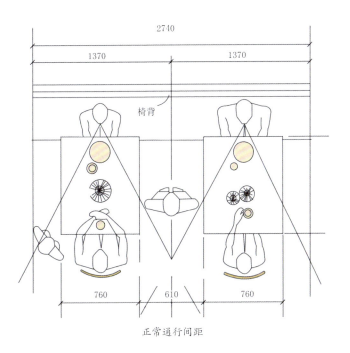

正常通行间距

注：根据通行方式的不同，餐桌之间的间距也不同，侧身通过时是最小的通行间距尺寸，但距离过近会在就餐时产生视觉和味觉的干扰。

第七章 餐饮空间设计

餐厅在设计时,要注意特殊人群的需要,如坐轮椅的人的需求。因而要熟知轮椅通道宽度以及餐桌周围的空间大小等。

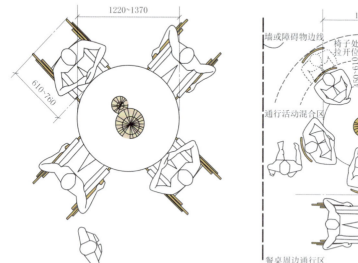

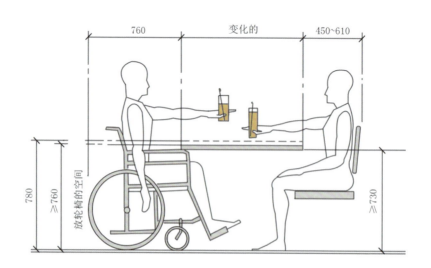

餐厅的桌椅成组布置时，要考虑不同活动所需要的通行间距，如餐车通过、拿取碗碟、服务人员上菜等，从而预留恰当空间。

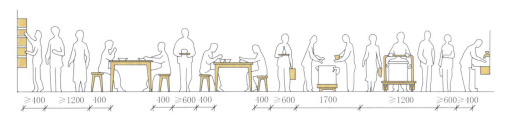

餐厅内部人体活动尺寸

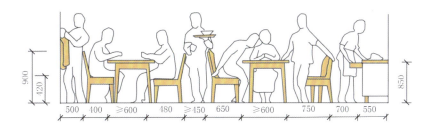

餐厅组合尺寸

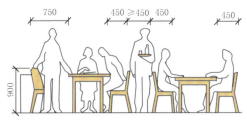

就餐过道空间

↑ 餐厅家具与就餐人的尺寸关系

思考与巩固

1. 餐厅主要的家具尺寸关系是怎样的？
2. 餐厅中家具的布置方式有哪些？
3. 餐饮空间中，人在吧台的活动尺寸是怎样的？

三、餐饮空间环境设计与人的关系

学习目标	通过本小节的学习应知道餐饮空间环境设计的要点。
学习重点	掌握餐饮空间光环境设计原则,更好地满足人的生理和心理需要。

1. 餐饮空间光环境

顾客在选择风味餐馆就餐时,一般会对餐饮空间的氛围有一定的要求。照度控制在 50~100lx 为宜,照度过高会让人缺乏私密感,过低则无法满足人们的就餐需求。

为了使消费者能对菜品一目了然,基本上快餐店采用 500~1000lx 的照度。应尽量采用自然光。

咖啡厅需要安排简洁明快的整体照明,并在一些区域设计局部照明。

2. 餐饮空间色彩

从整体上来讲,应该有一个明确的主色调,局部要服从整体的要求,充分发挥色彩的作用和魅力。

3. 餐饮空间声环境

声音对人们的就餐情绪有很大的影响,噪声让人产生反感情绪,而柔和、轻快的音乐则给人以放松、自由的心理感受。音乐对于营造舒适的就餐环境,起着非常重要的作用。

4. 餐饮空间热环境

设计时应注意合理控制餐厅的温湿度,通常来说,冬季 20~22℃,夏季 24~26℃,尽可能多地引入太阳光取暖。

思考与巩固

1. 餐馆和咖啡厅的光环境设计有哪些异同?
2. 在设计快餐店的光环境时应该注意什么问题?